水力自控闸门研究

王光辉　王世龚　等著

黄河水利出版社
·郑州·

内 容 提 要

本书在试验研究的基础上,研发了多种以闸门上游来水作为动力的水力自控闸门,重点介绍浮移式水力自控闸门、轨道式水力自控闸门和对开斜立轴式水力自控闸门等三种水力自控闸门,探讨了三种水力自控闸门的结构、工作原理、水力特性、泄水能力等。水力自控闸门可以根据上游水位来水量变化及水位变化特性,自动调节闸门开度,水位上升时,闸门开度会自动增大,保证下泄流量,水位降低到一定值时,闸门会自动关闭,以保持蓄水,实现了无人职守工作。

本书可供水利水电、农田水利及水利工程等方面的科研及生产技术人员阅读参考,也可作为高等院校相关学科师生的参考书。

图书在版编目(CIP)数据

水力自控闸门研究/王光辉等著. —郑州:黄河
水利出版社,2022.9
ISBN 978-7-5509-3391-0

Ⅰ.①水… Ⅱ.①王… Ⅲ.①水利工程-闸门-研究
Ⅳ.①TV663

中国版本图书馆 CIP 数据核字(2022)第 177337 号

策划编辑:杨雯惠　电话:0371-66020903　E-mail:yangwenhui923@163.com

出　版　社:黄河水利出版社 　　　　　　　　　　　网址:www.yrcp.com
　　　　　　地址:河南省郑州市顺河路黄委会综合楼 14 层 　　邮政编码:450003
发行单位:黄河水利出版社
　　　　　　发行部电话:0371-66026940、66020550、66028024、66022620(传真)
　　　　　　E-mail:hhslcbs@126.com
承印单位:广东虎彩云印刷有限公司
开本:787 mm×1 092 mm　1/16
印张:6.75
字数:120 千字
版次:2022 年 9 月第 1 版 　　　　　　　　　　印次:2022 年 9 月第 1 次印刷

定价:48.00 元

前　言

　　水，是万物生长的源泉，是生命之本，是人类赖以生存和发展、生产和生活所必需的宝贵资源。水与人类的生活、生产紧密相关，对社会发展、经济建设起着决定性作用。

　　虽然我国水资源总量较丰富，但人均占有量却十分贫乏，约为 2 200 m³，只有世界平均水平的 1/4，是世界上少数几个最缺水的国家之一。同时，我国水资源时空分布严重不均，供需矛盾日益尖锐，其自然存在的状态并不能完全符合人类的需求，时常有洪涝和干旱灾害出现，已成为一个亟须解决的问题。只有修建水利工程，才能控制水流，减少洪涝和干旱灾害，进行水资源的调节和分配，以解决时空分布不均的问题，满足人们生活和生产对水资源的需要。

　　水利工程是为达到兴利除害的目的所修筑的各类工程，用以调控自然界中的地表水和地下水，使水能朝着对人类社会有利的方向流动。水利是国家经济建设、社会发展的基石。从古至今，我国所修建的许多水利工程，诸如都江堰工程、南水北调工程及三峡工程等都发挥了十分重要的作用，这些无疑都是最好的证明。

　　闸门是水利工程建设中重要的一部分，设置在相关水工建筑物中各种过水通道上，起到了举足轻重的作用。闸门作为挡水、泄水或者取水建筑物，作用便是调控分配流量、调节水位，实现对上游水量的径流调节，满足人类社会发展对水资源利用的需要。闸门除具有调节水位和流量的作用外，还兼具排沙、排污等功能，因此人们对它的研究从未停止过。关闭闸门可以拦洪、挡潮、蓄水或抬高上游水位，以满足灌溉、发电、航运、水产、环保、工业和生活用水等需要；开启闸门，可以宣泄洪水、涝水、弃水或废水，也可对下游河道或渠道供水。目前，闸门按照启闭方式主要分为机械启闭的闸门和利用水压力变化控制启闭的水力自动闸门。

　　传统闸门在以往的工程实际中已经发挥了不可替代的作用，结构已经日趋成熟，各种不同形式的闸门例如弧形闸门、平板闸门、翻板闸门等在水利工程中得到了广泛应用。但此类闸门运行需要修建专用的启闭室，并依靠外力（如电力等）完成工作，造价高，操作烦琐，在一定程度上额外消耗和浪费能源与资源。新型的水力自控闸门，诸如水力自动翻板闸门、水力自动弧形闸门和水力自动滚筒闸门等,依靠水的作用力和闸门的重力实现闸门的开启和闭合,节省能源和资源,不仅能够满足与传统闸门相同的要求,而且结构更加简单、运行更加方便、造价更为低廉。

本书在试验研究的基础上,重点研发了浮移式水力自控闸门、轨道式水力自控闸门和对开斜立轴式水力自控闸门等三种水力自控闸门,并对三种水力自控闸门的结构、工作原理、水力特性、泄水能力等进行了研究,闸门依靠上游来水的水压力和闸门自身重点,即可自动完成开门泄水、关门蓄水的要求,实现了无人职守工作。

本书共分四章,主要包括绪论、斜立轴式水力自控闸门、对开斜立轴式水力自控闸门和结论及创新。本书具体编写分工如下:第1章由王光辉、张政、王春堂编写;第2章2.1节、2.2节、2.4节由董涛、王妮娜、王艳艳编写;第2章2.3节、2.4节、2.5节由孙玉霞、刘腾、王世夔编写;第3章3.1节、3.2节、3.4节由王世夔、张政、董涛编写;第3章3.3节、3.4节由王艳艳、王光辉、孙玉霞编写;第4章由刘腾、王妮娜、王春堂编写。全书由王光辉、王世夔统稿。

本书中相关试验研究在山东农业大学水利试验中心进行,试验期间得到了张庆华教授等专家和领导的指导帮助,在此一并表示衷心感谢!

作　者

2022 年 7 月

目　录

第 1 章 绪 论

1.1 研究背景及意义

水利工程是为达到兴利除害的目的所修筑的各类工程,用以调控自然界中的地表水和地下水,使水能朝着对人类社会有利的方向流动。从古至今,我国所修建的许多水利工程,诸如都江堰工程、南水北调工程以及三峡工程等都发挥了十分重要的作用,这无疑是最好的证明。水闸是很多水利工程中必不可少的一部分,起到了举足轻重的作用,闸门作为挡水、泄水以及取水的建筑物,形式多种多样,它的作用便是控制流量和调节水位,以满足防洪、蓄水、排水、排沙、灌溉、发电、航运、水产、生态环境、排污、工业和生活用水等需要,因此人们对它的研究从未停止过。目前,闸门按照启闭方式主要分为机械操作启闭的闸门和利用闸门自重及水压力变化控制启闭的水力自动闸门。

传统闸门已经日趋成熟,不同的闸门形式,例如弧形闸门、平板闸门、翻板闸门等在水利工程中得到了广泛应用,传统闸门在工程实际中已经发挥了不可替代的作用。但是随之也暴露出一些弊端,其运行需要修建专用的启闭室,并依靠外力(如电力等)完成工作,在一定程度上额外消耗和浪费能源与资源。另外,有些闸门较笨重、造价高,需要专门的运行系统及管理人员,操作烦琐。

为了解决以上问题,应运出现了水力自动闸门,诸如水力自动翻板闸门、水力自动弧形闸门和水力自动滚筒闸门等,这一类闸门依靠水的作用力和闸门的重力实现闸门的开启和闭合,操作简单、经济实用。

闸门的研究历史悠久,随着近年来社会经济的发展,国内外学者提供了大量关于闸门的理论与实践基础,尤其在水力自控闸门方面投入了大量的探索,取得了较好的研究成果。

新型的水力自控闸门单纯依靠水及自身重力即可自动完成工作,节省能源和资源,不仅能够满足与传统闸门相同的要求,而且结构更加简单、运行更加方便、造价更为低廉。

本书主要针对浮移式水力自控闸门、轨道式水力自控闸门和对开斜立轴式水力自控闸门进行了试验研究。

1.2　国内外研究现状

平面闸门是出现最早的闸门形式,早在 20 世纪五六十年代就已被广泛应用,国内外学者也通过模型试验、数值模拟等方法对平面闸门进行了研究。但是平面闸门的闸门槽会破坏水流边界的连续性,闸门容易产生空蚀,而且闸门运行中操作复杂,需要启闭设备,造价较高。为满足人们对于便利性的需求,水力自控闸门逐渐被投入使用。

水力自控闸门又被称为水力自动闸门(李利荣等,2011),也被称为"混合闸门",它可以根据水流条件保持上游水位或下游水位恒定(C Ludovic. et al. ,2011)。G Belaud. et al. (2008)提出了一种上游水位自动控制闸门的数学模型,并对其进行了验证。C Ludovic. et al. (2011)在系统处于平衡状态的前提下,对水力自动闸门进行了分析,建立了具备水力自动闸门功能的数学模型,该模型具有重现该复杂流体力学系统功能的能力,也在灌溉渠水力模型软件中实现,可用于设计和评价管理策略。水力自控闸门与平板闸门及其他闸门相比,结构简单、管理维护方便、运行可靠、节省电力并且造价低廉(李利荣等,2011)。目前,水力自动闸门主要类型有水力自动翻板闸门、水力自动弧形闸门和水力自动滚筒闸门等。本节将对几种主要的水力自动闸门的国内外研究现状进行分析。

1.2.1　水力自动翻板闸门研究现状

水力自动翻板闸门是利用水压力和闸门重力共同作用,实现闸门的开启和关闭。水位的变化导致水压力对支承铰中心的力矩和闸门重力及各种摩擦力对支承铰中心的力矩不平衡,此时闸门会绕支承铰中心转动倾斜。此类闸门国内外的研究和应用已经有较长的历史,自 20 世纪 50 年代起,我国就对水力自动平板旋转闸门进行了一系列的试验研究和实际应用,研究人员对水力自动翻板闸门的门体结构、材料和闸门的工作原理进行创新,改善了这类闸门的运动形式,不断发展新型水力自动翻板闸门,创新翻板闸门的形式,不断完善各方面的研究。到了 20 世纪 80 年代,连杆滚轮式水力自动翻板闸门的出现更加完善了水力自动翻板闸门的研究(李利荣等,2011),水力自动翻板闸门逐渐形成并得到了广泛的应用(吴培军,2014)。

水力自动翻板闸门泄流时分成门顶和门底两部分,水流状态随着闸门倾斜角度而变化,闸门的门体结构在泄流时的阻挡作用不容忽视。闸门的相对过流面积影响着翻板闸门的流量系数,利用闸门的过流系数估算的流量系数具有较高的精度,其泄流能力还与闸门的高度、上下游水位和堰高有关,徐岗等(2013)通过模型试验得出水力自动翻板闸门的流量系数计算公式,具有重要参考价值。

闸门顶下泄流量的加大,导致闸门后会产生负压区,这是影响闸门运行稳定的主要原因,不同的闸下水位也会对闸门的运行稳定性产生不同的作用,不同的下游水位对应的闸门开启曲线是不同的,超过临界值就会引起闸门"拍打",威胁闸门的安全运行(侯石华,2017);闸门支腿和支墩是拍打撞击最严重的位置,其撞击的速度也最大,为了维护闸门的安全和工程的运行,通过对撞击部分添加橡胶垫,可以有效降低撞击应力(郭丽娜,2015)。

由于闸门支墩处于过流断面上,所以闸前就很容易淤积泥沙。闸前淤积泥沙的高度越高,闸门开启所需的上游水位也就越高,倘若闸前淤积泥沙的高度达到临界值,洪水来临时闸前水位无法达到启门水位,则会在河道上造成淹没损失;同时闸前水流紊乱现象就越严重,危及闸门的安全(吴培军等,2014)。为形象地描述启门水位与泥沙的关系,侯莹等(2015)通过公式推导得出启门水位的计算公式,并用试验验证了公式的准确性。

近些年,随着科学技术的发展,数值模拟的研究方法也日益成熟。由于流场的复杂性,上游来水会对闸门产生脉动压力,倘若此作用力强烈,则会产生闸门自振频率与水流的频率共振的情况,引起闸门的失稳破坏。张维杰等(2017)利用数值分析,计算了不同运行条件下的翻板闸门的自振频率和振型,有利于维护闸门的安全。郑福智等(2014)利用有限元计算软件 ADINA,通过对不同工况下的闸门模拟,得出闸门最危险的截面和最不利的位置,为结构的改进提供依据。王月华等(2014)采用二维湍流数值模型和自由液面追踪技术,得出流量估算拟合公式,并结合实际工程对结果进行了验证。

水力自动翻板闸门的闸墩横贯在过流断面上,影响闸门泄水的水流特性,使得过闸水流状态不好;多泥沙河道中运行时还将面临泥沙淤积的问题,影响闸门开启和闸门结构的安全;闸门开启的时候会形成两部分过流断面,闸顶和闸底可以同时泄流,使得水力自动翻板闸门的泄流能力较大,但是闸门顶部的过流可能会在闸门后形成负压空腔,这对闸门的安全性和闸门运行的稳定性有很大的影响。

曲锋(2005)对水力自动翻板闸门结构进行了优化设计,利用有限元计算软件 ANSYS 对闸门进行应力、应变分析,通过模型试验对已有的水力自动翻板闸门的流量计算公式进行了验证。李树宁(2009)通过数值模拟计算,对水力自动翻板闸门的过闸水流流态、流速分布特性以及作用在闸门面板上时均压强的分布规律进行了研究,通过大涡模拟数值计算方法,利用 VOF 自由液面追踪技术,对带自由表面的闸门过水的流场和脉动荷载进行数值模拟。王月华等(2013)采用 RNG $k-\varepsilon$ 紊流数值模型模拟方法,利用 VOF 方法跟踪自由水面,对杨卜山水力自控翻板闸门进行了数值模拟研究。

国外同样也对水力自动翻板闸门进行了深入的研究与讨论。有学者提出了一种简单的上游渠道水位自动控制液压翻板闸门的 Excel 设计程序(C. M. Burt et al. ,2001)。L Xavier. et al. (2005)提出了一种上游水位自动控制闸门的有效数学模型,即贝格曼门或翻板门,而且这种数学模型通过小型闸门的试验数据和文献中的其他数据进行了验证,证明该模型能够模拟各种闸门;M. R. M Adib. et al. (2016)通过模型试验研究了水力自控闸门不同开启角度下的过闸流量,讨论了闸门开启角度与流量间的关系。另外,国外的许多学者,例如 R Burrows. (1986)、J A Replogle. et al(2003)等也对水力自动翻板闸门的水流特性进行了研究。

目前,国内外针对于水力自动翻板闸门的研究较多,各国学者通过模型试验、数值模拟等方法对水力自动翻板闸门的工作原理、水流流态、水力特性及过闸流量计算公式进行了研究,并对其结构进行了优化设计。虽然水力自动翻板闸门运行简便,具有诸多优点,但就其自身而言,由于控制闸门运行的支承条件、闸门板压强、门后空腔泄流、下游水位顶托、门后空腔中负压等因素,水力自动翻板闸门结构复杂、受力复杂,在运行中会出现周期性来回拍击支墩或坝坎的"拍打"现象,影响行洪,破坏性极大,且运行过程中闸门不太稳定。另外,翻板闸门铁件的锈蚀问题、漂浮物的堵塞问题、止水橡皮的磨损与老化问题等使翻板闸门的管理更加困难,同时造成不少的经济损失。

1.2.2 其他形式水力自动闸门

其他形式水力自动闸门主要有水力自动弧形闸门、水力自动滚筒闸门等。

水力自动弧形闸门因启闭力小,过流流态好等优点被国内外广泛应用,弧形闸门较早的应用是 19 世纪 60 年代建立的尼罗河三角洲 Rosetla 坝和Damietta 坝。19 世纪末 20 世纪初,德国第一次引进了弧形闸门;20 世纪初,美国的 L. F. 哈扎教授对弧形闸门进行了改进(李利荣等,2011);20 世纪 80年代,通过对水力自动弧形闸门的研究与实践、积累经验,国内外技术得到了很大的提升,使水力自动弧形闸门的研究得以完善并被广泛应用。

　　金永涉等(1983)对水力自动启闭弧形闸门进行了安装应用,证明在暴雨预报不准、突然发生汛情时,自动弧形闸门能够准确无误地自动开闸泄洪,当遇到特殊情况需要提前启闭时,可人工进行控制。李宗健等(1985)对后水箱水力自动弧形闸门进行了研制以及试验研究。赵果明(1988)对浮箱式水力自动控制弧门的设计、制造、安装以及运行进行了研究。阎诗武(1990)提出了增加弧形闸门整体构造刚度是提高闸门自振频率的途径。刘明利(1999)对浮箱式自动启闭弧形闸门的工作原理、总体布置以及结构设计进行了研究,对其存在的问题进行了分析并提出了改进意见。齐清兰等(2002)通过曲线拟合的方法,得到了曲形实用堰上弧形闸门的流量系数计算公式。张晓平(2003)对弧形闸门结构进行了优化,进一步研究了闸门的减振措施。刘孟凯(2009)对弧形闸门过闸流量计算进行了校准。徐国宾等(2012)估算了泥沙淤积对弧形闸门启闭闭力的影响。李小超(2015)分析了导流墙对弧形闸门脉动压力和脉动压力均方根的影响。郭永鑫(2018)提出了弧形闸门过流计算中的流态辨识方法和计算模型。

　　阎诗武等(1995)通过试验模态分析与数值模拟相结合的综合法研究结构的动特性,应用 CADA 及有限元动力修改进行了结构动态优化设计,证实了高水头偏心铰弧形闸门具有局部开启运行的可能性。曹青(2006)通过有限元对弧形闸门的自振特性进行了计算分析。李国栋等(2007)采用双方程紊流数学模型和自由面 VOF 方法,对有压泄洪洞弧形闸门突跌突扩出口段三维流场进行数值模拟,表明数学模型对有压泄洪洞弧形闸门突跌、突扩出口段复杂流场有较好的预测能力。邱春等(2012)基于动网格技术和 VOF 方法对某工程宽尾墩泄洪表孔弧形闸门开启过程进行了三维数值模拟研究,证明数值模拟方法是可靠的,可为确定闸门的合理运行方式及工程体型优化提供重要的参考依据。曹慧颖等(2016)以 N-S 方程为流体控制方程,结合 k-ε 湍流模型,采用 VOF 方法追踪闸门泄水时的自由表面,以小湾水电站泄洪洞弧形工作闸门为例,对固定在某一开度泄水时的流场进行数值模拟,验证数值模拟方法的正确性和可行性。唐克东等(2019)采用单向流固耦合的方法,结合 Realizable k-ε 湍流模型和 VOF 方法,利用 ANSYS、Fluent 软件对弧形闸门不同开度下的受力情况进行数值模拟。

　　A. J. Clemmens et al. (2003)通过试验研究,提出了能量动量法,一种新的自由流动和淹没式弧形闸门的校准方法,可允许多个闸门以及上下游渠道条件的广泛变化。M. A. Shahrokhnia et al. (2006)采用尺寸分析方法,得到了弧形闸门淹没和自由出流条件下的水位流量关系。M. Bijankhan et al. (2011)提出了弧形闸门状态曲线判别的分析结果。M. Bijankhan et al. (2013)对原有的 Ferro 淹没流态计算方法进行了修正,提出了最精确的无量纲公式和一种新的流量折减函数(DRF)。Abdelhaleem et al. (2016)对淹没条件下的弧形闸门进行了流量拟合。

早在 1986 年,我国就对水力自动弧形闸门进行了安装应用(赵果明,1988)。目前,国内外学者就已通过模型试验、数值模拟等方法对水力自动弧形闸门进行了研究,分析了水力自动弧形闸门的工作原理、水力特征、流量计算等问题,并且不断对该闸门进行了结构上的优化。

水力自动滚筒闸门具有很好的排沙能力,其研究与应用对提高高含沙洪水资源的利用具有重要的意义。

赵宇明(2005)对水力自动滚筒闸门进行了清水水工模型试验,通过数据分析以及理论计算,得出了在清水河道中设计水力自控滚筒闸门的理论公式。刘艳林(2008)通过模型试验对水力自动滚筒闸门的动水压力进行了研究。李利荣等(2009)通过物理模型试验对圆筒闸体迎水表面的动水压力进行了研究,证明各工况下圆筒闸体迎水面的时均压力和脉动压力符合流体力学的基本理论。郭鹏(2017)对不同工况下的水力自动滚筒闸门的流量特性进行了研究。

戴绍仕(2004)采用数值模拟的方法(LES 方法)对孤立刚性圆柱和串列刚性双圆柱的水动力特性做了 2-D 数值试验研究。李寿英等(2005)采用 CFD 软件 CFX5.5 对直圆柱和斜圆柱绕流进行了数值模拟。李利荣等(2010)通过对模拟方法水力自动滚筒闸门的水力特性进行了研究,基于 VOF 法利用 RNG k-ε 湍流模型对圆筒闸体绕流流场进行了数值模拟。许韬(2015)通过模型试验和数值模拟的方法对水力自动滚筒闸门的水力特性进行了研究,对其表面溢流和闸孔出流的流量计算公式进行了推导。李昊等(2015)对水力自动滚筒闸门的振动特性进行了数值模拟分析。李昊(2018)通过模型试验和数值模拟的方法,结合理论分析,对水力自动滚筒闸门在动水压力作用下的变形以及振动分布规律进行了研究。

H. Chung(1981)对水流中横置的圆筒闸体的水力学特性进行了研究。C. M. Mcgraw et al. (2006)测量了涡流脱落过程中方柱表面的动、静压力,计算了压力分布随时间的变化。M. Bijankhan et al. (2012)提出了新的自由出流和淹没出流下水位-流量关系。F. Vito (2018)对自由出流条件下水闸水位与流量的关系进行了研究。国外的许多学者,例如 K. Saunders et al. (2014)、Y.

W. Liu et al. (2018)也对水力自动滚筒闸门的水力特性进行了研究。

目前水力自动滚筒闸门的研究日趋成熟,国内外学者通过模型试验、数值计算模拟等各种方法对该闸门进行了研究,包括对水力自动滚筒闸门水力特性、振动分布和流量特性等的研究。水力自动滚筒闸门具有很好的排沙能力,对于含沙量较高的河流具有重要的意义。

第 2 章　斜立轴式水力自控闸门

　　目前对于传统闸门的研究已有成熟的研究成果,并且这些闸门已广泛运用于实践当中;一些水力自控闸门也投入研究当中,但其研究成果还不成熟,尤其是未见斜立轴式水力自控闸门研究成果。本书紧密结合斜轴闸门模型试验,探讨斜立轴式水力自控闸门的水流特性,具有以下意义:①通过对斜立轴式水力自控闸门的水力学试验与分析,探讨斜立轴式水力自控闸门的水流特性,填补斜立轴式水力自控闸门的研究空白。②通过理论分析,对斜立轴式水力自控闸门的试验流量计算等问题进行研究,研究成果为斜立轴式水力自控闸门的设计应用提供技术支撑,具有实用价值。③斜立轴式水力自控闸门相较于传统闸门更加简便、更加方便运行管理,节省人力、物力等运行成本。因此,本书研究成果有较高的实践应用价值。

　　斜立轴式水力自控闸门(如图 2-1 所示),是利用平板闸门向上游倾斜一定角度,借助水力及闸门自身重力等条件自动开启和回关的新型水力自控闸门。这种闸门虽还未应用于实际当中,但相较于传统闸门更加简便、运行可靠。因此,本书对其进行模型试验研究,希望对其以后的实际应用提供数据依据。

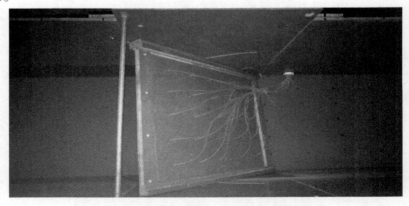

图 2-1　斜立轴式水力自控闸门模型

2.1　试验系统

本试验在山东农业大学水利工程试验中心进行,实验室总面积达 4 000 m³,在国内同类学校中居先进水平。整个试验系统由地下水库、水泵、高位水池、电磁流量计、模型试验区、尾水池等几部分组成,如图 2-2 所示。

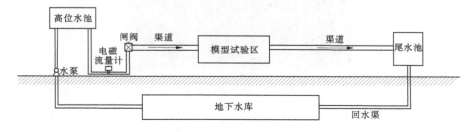

图 2-2　试验系统

2.2　斜立轴式水力自控闸门试验模型

斜立轴式水力自控闸门的物理试验概化模型如图 2-3 所示。斜立轴式水力自控闸门的试验模型包括上游渠道段、斜立轴式水力自控闸门及下游渠道段,渠道为矩形断面,宽 400 mm,闸门为平面矩形倾斜闸门,尺寸为 400 mm×400 mm,试验区主要由硬塑料板制成,如图 2-4 所示。

图 2-3　物理试验概化模型

图 2-4　斜立轴式水力自控闸门

2.3　试验方案

2.3.1　模型制作与安装

2.3.1.1　模型制作

本试验模型闸门及渠道的材料均选用 PVC 硬塑料板,模型制作与安装严格按照《水工(常规)模型试验规程》(SL 155—2012)的规定进行,确保闸门模板的刚度、强度和耐腐蚀度能够达到试验要求;试验模型由专门的模型工按照设计的图纸精心加工,严格控制尺寸精度,模型高程误差控制在±0. 3 mm 以内,模型尺寸误差控制在±1 mm 以内。为了确保试验模型制作安装规范,符合精度要求,试验前根据有关规程,对山东农业大学水利中心水工试验试验工程大厅的闸门板、观测设备、供水系统等进行了检测和率定,使之符合有关规程的要求。

2.3.1.2　模型安装

模型安装位置在选取时,为保证上游渠道水流处于缓流状态,使斜立轴式水力自控闸门上游有较长的过渡段,长度在 3 倍的渠道宽度以上。在安装时,保证斜立轴式水力自控闸门底部与渠道底部平行。因为本书所研究的渠道底坡坡降为1/2 000,所以在试验布置时,使用水准仪精准测量,确保上、下游底坡坡降为1/2 000。另外,为避免影响水流流态,要使底板平整光滑。安装后的部分模型如图 2-5 所示。

图 2-5　模型试验安装

2.3.2　试验参数

　　试验主要研究在自由出流情况下斜立轴式水力自控闸门的过水能力和水流特性,需要在不同的闸门倾斜角度和上游来水流量时,分别测试斜立轴式水力自控闸门的闸前、闸板、闸后的水压力,闸前、闸后水深以及渠道的水流速。因此,闸门倾斜角度和上游设计流量是本书重要的试验参数。

　　根据模型尺寸及系统供水能力,斜立轴式水力自控闸门倾斜角度取以下5 组数据:$\alpha = 30°$,$\alpha = 40°$,$\alpha = 45°$,$\alpha = 50°$,$\alpha = 60°$;在每个倾斜角度下,设置 6 个设计测试流量,分别为 $Q = 50 \text{ m/h}$,$Q = 100 \text{ m/h}$,$Q = 150 \text{ m/h}$,$Q = 200 \text{ m/h}$,$Q = 250 \text{ m}^3/\text{h}$,$Q = $ 最大试验流量(闸门刚刚完全开启时的试验流量),如表 2-1 所示。

表 2-1　斜立轴式水力自控闸门试验方案

方案	倾斜角度/(°)	试验流量/(m³/h)					最大流量/(m³/h)
1	$\alpha = 30$	50	100	150	200	250	362
2	$\alpha = 40$	50	100	150	200	250	345
3	$\alpha = 45$	50	100	150	200	250	340
4	$\alpha = 50$	50	100	150	200	250	315
5	$\alpha = 60$	50	100	150	200	250	292

2.3.3　测量断面设计

　　根据模型试验内容,分别测试斜立轴式水力自控闸门的闸前、闸板、闸后渠道横向和纵向断面的水压力,闸前、闸后水深以及渠道的流速。

　　斜立轴式水力自控闸门各试验方案沿渠道垂直水流方向设横断面。从闸前向闸后渠道共设 15 个断面(断面间隔 100 mm),用以测量断面水深及断面流速,而水压力的测量断面则在渠道上由闸后向闸前布置,共设 13 个断面(闸前 2 个断面,闸后 11 个断面),闸门上设 5 个测量断面,共设 18 个水压力测量断面。每个断面设 5 个测量点(点间距 67 mm),渠道左侧为第 1 个点,中间为第 3 个点,右侧为第 5 个点。断面布置如图 2-6 所示(图中圆圈标记处即为水深测点)。

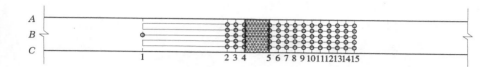

图 2-6　斜立轴式水力自控闸门测量断面

2.3.4　测试仪器与测试方法

（1）试验流量测量：电磁流量计。

本书试验通过闸阀调整试验流量的大小，由电磁流量计读取试验流量。

（2）水深测量：水位测针（见图 2-7）。

图 2-7　水位测针

试验测量中为了确保试验的精度，水位控制采用精度为 0.1 mm 的水位测针测量。测量时，将水位测针安装在水平架上，先将测针浸入水中轻触底板读数，然后徐徐向上移动至使测针针尖触及水面，此时直接读数，取两数差即可。当水位波动较大时,应多次测量取平均值。

(3)流速测量:OA 型测速仪(见图 2-8)。

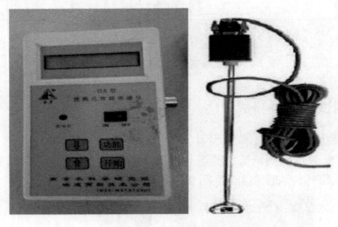

图 2-8　OA 型测速仪

(4)闸门开启角度测量:自制转动量角器。

(5)水压力测量:测压管(见图 2-9)。

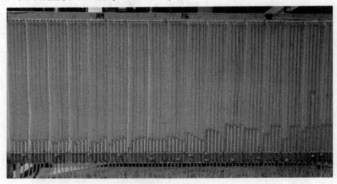

图 2-9　测压管

2.3.5　试验观察记录

试验中,除测量水位、流速和水压力外,还需要观察斜立轴式水力自控闸门每个角度、每个流量的水流流态和闸后水舌对两岸的冲刷及下游流态的稳定性等。

观察记录内容:观察水力自控倾斜闸门在不同的倾斜角度时,每个设计试验流量的水流形态特征,特别是闸后水舌对两岸及下游流态的影响;记录测量水位、流速、流量和水压力等数据。

试验观察记录方式:主要通过文字记录结合拍照、录像等方法完成。

2.4　斜立轴式水力自控闸门试验结果与分析

本书主要对不同倾斜角度的斜立轴式水力自控闸门的水流试验结果进行了整理与分析,包括斜立轴式水力自控闸门过闸水流特性、流量公式推求、流量系数的影响因素及其规律性,以及斜立轴式水力自控闸门试验流量系数的推算。

2.4.1　斜立轴式水力自控闸门水流特性

2.4.1.1　斜立轴式水力自控闸门水流流态特性

由试验水流现象及测量数据可知,本试验研究的是自由出流情况下斜立轴式水力自控闸门的水流特性,闸下游水位不影响闸的过流,上游水位仅受来水和闸门类型的影响。斜立轴式水力自控闸门上游水流流态稳定,水流流速均匀,但下游水流流态不稳定且流速不均。斜立轴式水力自控闸门各方案水流流态情况大致类似,在自由出流状态下,试验流量相同时,闸门倾斜角度越大,闸门的开度越大。闸上游来流稳定,水面平稳,过闸水流垂直于渠道轴断面。随着试验流量变化,闸后水流状态有所不同。以 $\alpha = 30°$ 斜立轴式水力自控闸门的流态图(见图 2-10)为例,可以看出斜立轴式水力自控闸门水流流态的变化情况。

(a)$Q = 50$ m³/h

图 2-10　斜立轴式水力自控闸门水流流态($\alpha = 30°$)

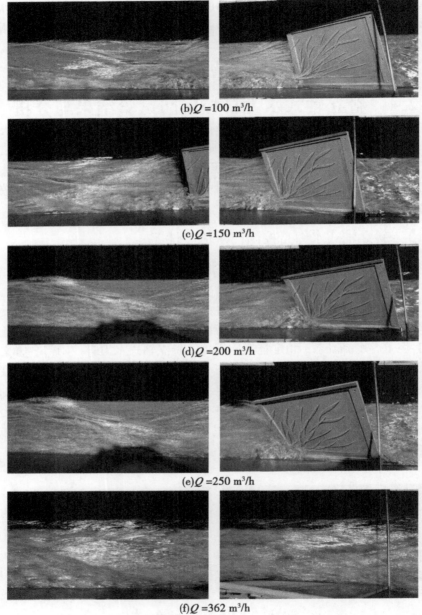

(b)Q =100 m³/h

(c)Q =150 m³/h

(d)Q =200 m³/h

(e)Q =250 m³/h

(f)Q =362 m³/h

续图 2-10

如图 2-10(a)所示,是倾斜角度为 30°的斜立轴式水力自控闸门在试验流量为 50 m³/h 时水流的流态图。在自由出流状态时,闸门上游来流稳定,水面平稳,闸前水流垂直于渠道轴断面。闸后水流受闸门倾斜角度的影响较大,水流成股流出。闸后水深不均匀,水深低于 5 cm。闸后闸门转动轴处出现壅高。这时由于试验流量偏小,闸后水深较低,水流流态较稳定。

如图 2-10(b)所示,是倾斜角度为 30°的斜立轴式水力自控闸门在试验流量为 100 m³/h 时水流的流态图。在自由出流状态时,试验流量增加,上游水流状态基本不变,来流稳定,水面平稳,闸前水流垂直于渠道轴断面。闸后水流受闸门倾斜角度影响在闸后成股流出,呈"S"形水流状态,一直延续到渠道尾部平缓流出。闸后水深不均,水深为 5~8 cm。闸门转动轴处仍出现壅高,且此时由于试验流量的增加,闸门开启角度增大。

如图 2-10(c)、(d)、(e)所示,试验流量为 150 m³/h、200 m³/h、250 m³/h时,水流流态基本相同。在自由出流状态时,试验流量逐渐增加,上游水流状态基本不变,来流稳定且水面平稳,闸前水流垂直于渠道轴断面。闸后斜立轴式水力自控闸门转动轴处出现壅高,在这 3 个试验流量中,闸后水深不均匀,水深高于 8 cm,而且随着试验流量的递增,闸门开启角度逐渐增大。

如图 2-10(f)所示,当试验流量加大到 362 m³/h 时,闸门刚刚完全开启,此时的试验流量即为所测闸门倾斜角度为 30°的最大试验流量。此时由于试验流量过大,闸前出现波谷,在自由出流状态下,上游水流状态出现变化,来流稳定但水面不稳,闸前水流仍垂直于渠道轴断面。由于此时闸门完全开启,闸后水流状态较为稳定且水深较均匀。

综上所述,在自由出流的情况下,斜立轴式水力自控闸门上游水流流态稳定,水流流速均匀,但下游水流流态不稳定且流速不均;上游水位多受来水流量影响,下游水位对闸门过流基本无影响。

2.4.1.2　斜立轴式水力自控闸门过闸水流水面线测定与分析

(1)闸门倾斜角度相同、试验流量不同,斜立轴式水力自控闸门过闸水流水面线。

根据闸门倾斜角度相同、试验流量不同时模型试验数据,绘制斜立轴式水力自控闸门的过闸水流水面线,如图 2-11 所示(闸门在断面 4 的下游,横坐标代表断面,纵坐标代表水深)。

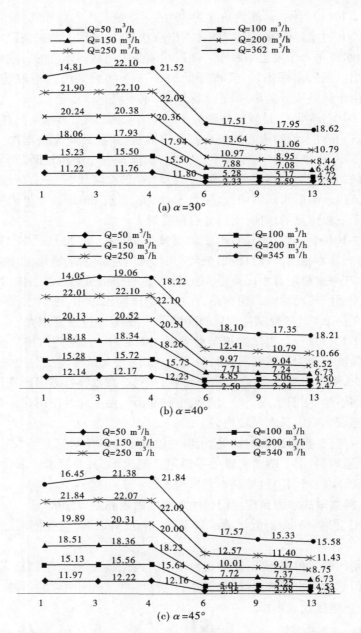

图 2-11　倾斜角度相同、试验流量不同,斜立轴式水力自控闸门过闸水流水面线

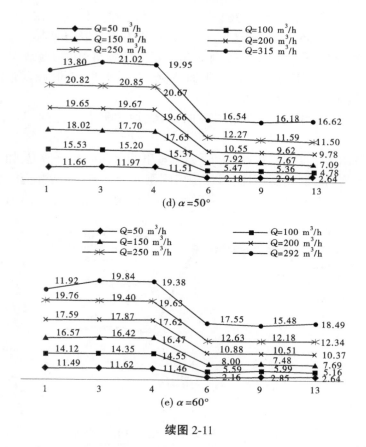

续图 2-11

　　可以直观发现,水面线大致呈单一降落状,部分地方出现壅高。同一倾斜角度下,随着试验流量的增加,受来水的影响上游水位也随之增大,闸门开启角度增大,下游水位也随之增大。例如倾斜角度为 30° 的斜立轴式水力自控闸门,试验流量为 50 m³/h 时,上游水位为 11.76 cm;当试验流量为 100 m³/h 时,上游水位为 15.50 cm,比试验流量为 50 m³/h 时的上游水位高 3.74 cm。而且试验流量为 50~250 m³/h 时,随着试验流量增加上游水位的增幅减小;试验流量增加到 362 m³/h 后,随着试验流量增加,上游由于波谷的出现,水流不稳定,上游水位的增幅更小, 但依然呈水位增大趋势。当闸门倾斜角度为 30°,试验流量为 Q=50~250 m³/h 时,闸前闸后水位变化大约下降 10 cm,当试验流量达到最大时(闸门刚刚完全开启时的试验流量)时,闸前闸后水位变化幅度减小,下降 5 cm 左右。当试验流量在 50~150 m³/h 时,闸后水位变化幅度较小,当试验流量在 200~362 m³/h 时,闸后水位变化幅度增大。

从 5 个过闸水流水面线图(见图 2-12)可以看出,倾斜角度越大,过闸水流水位变化幅度越小,水流流态更加稳定。不同的倾斜角度试验流量在 50~250 m³/h 时,闸前闸后水流水面线更加平稳。试验流量相同、倾斜角度不同时,倾斜角度越大,闸后水位越高。

(2)试验流量相同、倾斜角度不同,斜立轴式水力自控闸门过闸水流水面线。

绘制各倾斜角度闸门在每一个试验流量下的水面线变化情况,如图 2-12 所示。由于闸门倾斜角度不同,因此闸门刚刚完全开启的试验流量(各个倾斜角度的最大试验流量)不同,各不同倾斜角度的闸门无法进行水位比较。

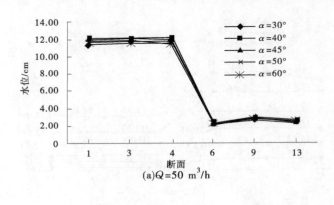

(a)Q=50 m³/h

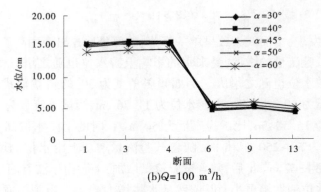

(b)Q=100 m³/h

图 2-12　试验流量相同、倾斜角度不同,斜立轴式水力自控闸门过闸水流水面线

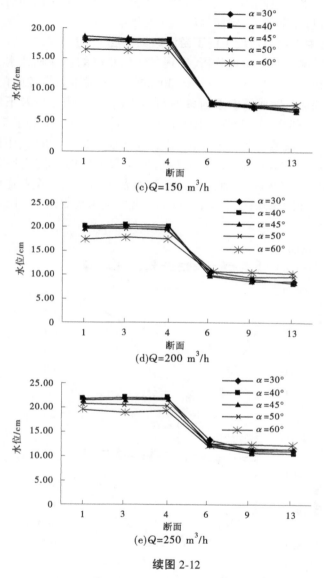

(c)Q=150 m³/h

(d)Q=200 m³/h

(e)Q=250 m³/h

续图 2-12

　　由图 2-12 可见,试验流量相同时,不同倾斜角度的闸门,闸前闸后水位变化趋势相同,都是逐渐减少。相同试验流量下,倾斜角度越小的闸门闸前水深越高,倾斜角度越大,闸前水深越低;并且,试验流量相同时,闸门倾斜角度越小,闸后水深越低,当闸门倾斜角度越大时,闸门闸后水深越高。倾斜角度为

60°的闸门,闸前水深最低,闸后水深最高。试验流量越小,闸前闸后水深变化越大,当试验流量逐渐增大,闸前闸后水深变化幅度变小。

2.4.1.3　斜立轴式水力自控闸门下游流速场特性

　　通过对试验测试数据整理分析,发现各倾斜角度的斜立轴式水力自控闸门下游渠道流速分布变化不一。以 $\alpha = 30°$ 的斜立轴式水力自控闸门为例,绘制其在不同试验流量时闸下游渠道各横断面流速上层、中层以及下层的分布图,见图 2-13,当试验流量 $Q = 50 \sim 100$ m³/h 时,下游渠道水位低于 5 cm,此时只考虑渠道下层水流流速分布及变化;试验流量 $Q = 150$ m³/h 时,下游渠道水位在 $5 \sim 8$ cm,不超过 8 cm,此时考虑渠道上层和下层的水流流速分布及变化;当试验流量 $Q = 200$ m³/h 到最大试验流量及闸门刚刚完全开启的试验流量 $Q = 362$ m³/h 时,下游渠道水位高于 8 cm,此时应考虑渠道上、中、下各层的流速分布及变化。

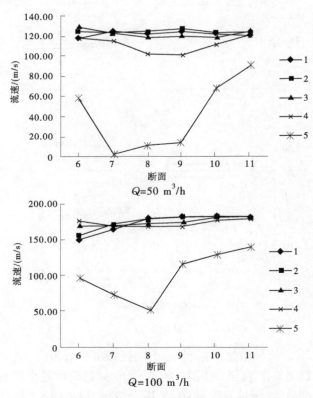

（a） $\alpha = 30°$,不同试验流量时的渠道水流下层流速场

图 2-13　斜立轴式水力自控闸门下游河道流速

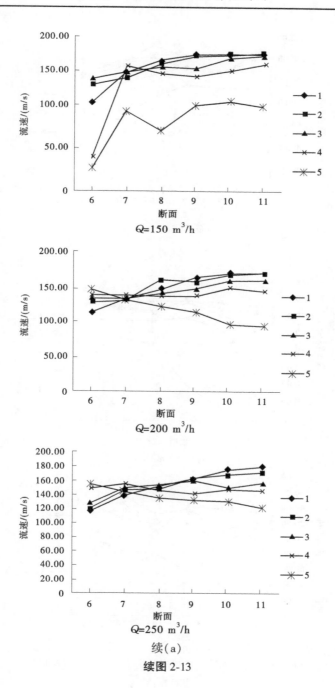

$Q=150\ \mathrm{m^3/h}$

$Q=200\ \mathrm{m^3/h}$

$Q=250\ \mathrm{m^3/h}$

续(a)

续图 2-13

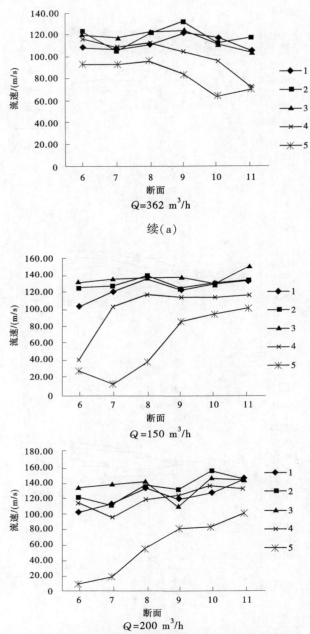

续(a)

(b)α=30°,不同试验流量时的渠道水流上层流速场

续图 2-13

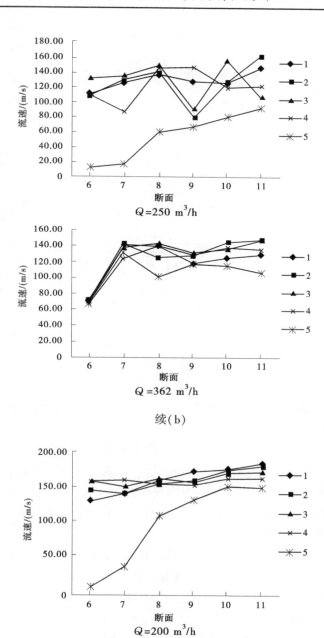

续(b)

(c)α=30°,不同试验流量时的渠道水流中层流速场

续图 2-13

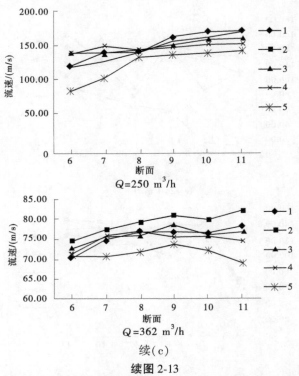

续(c)

续图 2-13

　　每个渠道纵断面设置 5 个测量点,其中第 1 个点为左侧测量点,第 3 个点为中间测量点,第 5 个点为右侧测量点。

　　图 2-13(a)为渠道水流下层流速场,第 1 点到第 4 点各纵断面流速分布较为稳定,6、7 断面第 5 点流速相对较低,当试验流量 $Q=50$ m³/h、$Q=100$ m³/h 和 $Q=150$ m³/h 时,渠道纵断面第 5 个测量点位置的流速变化最明显;当试验流量逐渐增大时,渠道纵断面所有的点流速变化趋向均匀,变化幅度减小,渠道下层水流更加稳定。

　　图 2-13(b)为渠道水流上层流速场,当试验流量为 $Q=150$ m³/h,$Q=200$ m³/h 和 $Q=250$ m³/h,闸后纵断面各测量点流速变化幅度较大,水流不稳定,当试验流量增大至最大试验流量 $Q=362$ m³/h(闸门刚刚完全开启时的试验流量)时,闸后渠道水流上层流速分布均匀,水流较为稳定。

　　图 2-13(c)为渠道水流中层流速场,当试验流量 $Q=200$ m³/h 和 $Q=250$ m³/h 时,闸后 6~11 纵断面第 1 个到第 4 个测量点水流较为稳定,第 5 个测量点水流流速变化较大,6、7 纵断面的第 5 个点水流流速较小,8、9、10、11 纵断

面第 5 个点水流流速趋于稳定;当试验流量增大至最大试验流量 $Q = 362$ m^3/h (闸门刚刚完全开启时的试验流量)时,中层水流流速较为稳定。

图 2-13(a)、(b)和(c)相比较:在 $\alpha = 30°$ 的斜立轴式水力自控闸门相同试验流量下,同一纵断面渠道水流中层流速较小,水流较为稳定;当试验流量较小时,渠道水流上层和下层水流流速变化较大,中层水流流速较稳定;当试验流量增大至最大试验流量(闸门刚刚完全开启时的试验流量)后,渠道水流各层流速都较为稳定。

对同一断面上的各测量点上、中、下流速进行分析,以 $a = 30°$ 为例,绘制渠道各断面水流流速图,如图 2-14 所示。由于当流量 $Q = 50$ m/h 和 $Q = 100$ m/h 时,流量较小,水深低于 8 cm,无法进行断面流速比较。所以,仅对较大流量的流速进行比较。

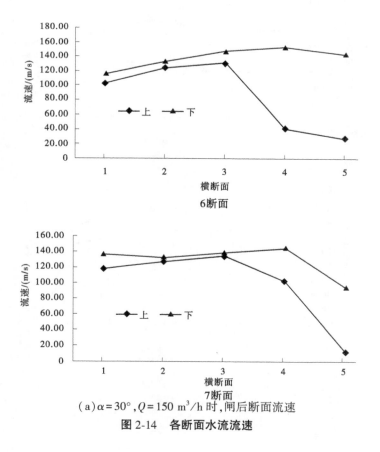

(a)$\alpha = 30°$,$Q = 150$ m^3/h 时,闸后断面流速

图 2-14　各断面水流流速

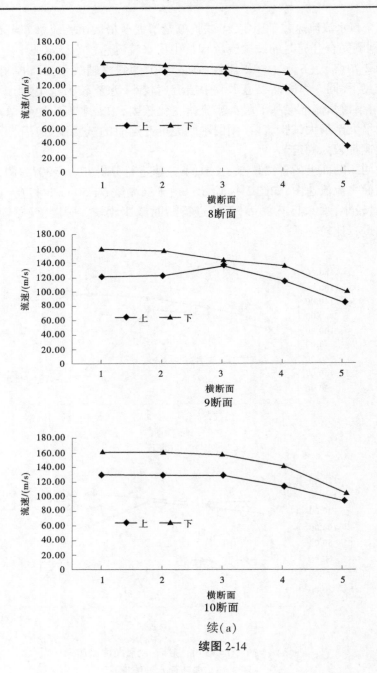

续(a)

续图 2-14

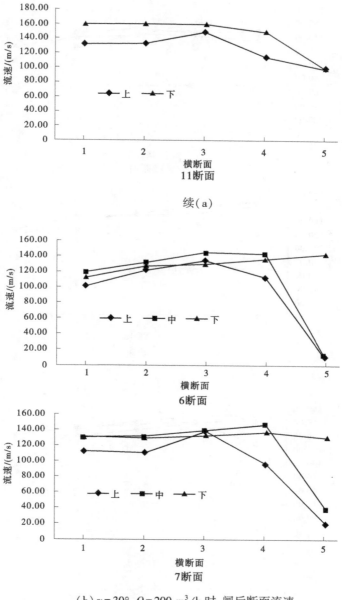

续(a)

(b)α=30°,Q=200 m³/h 时,闸后断面流速

续图 2-14

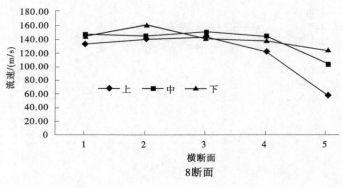

8断面

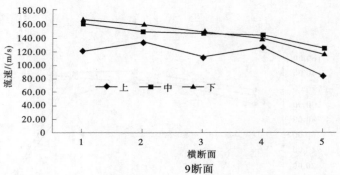

9断面

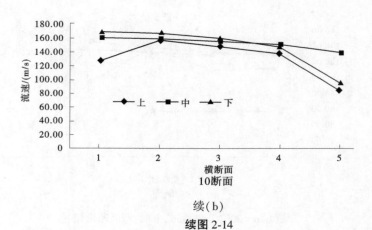

10断面

续(b)

续图 2-14

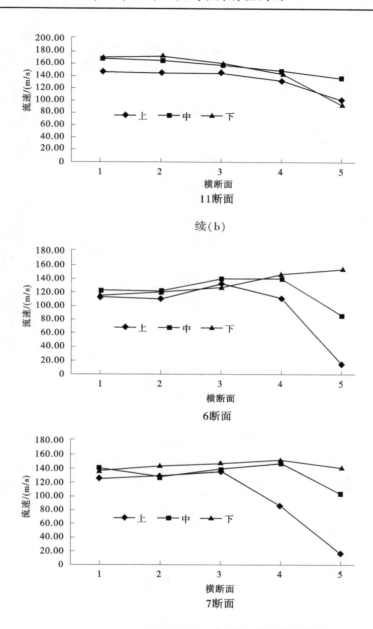

续(b)

6断面

7断面

(c)α=30°,Q=250 m³/h 时,闸后断面流速

续图 2-14

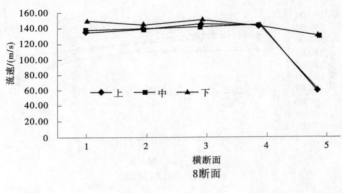

8断面

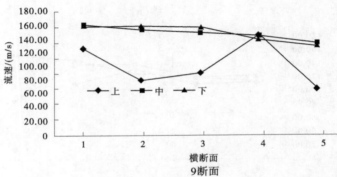

9断面

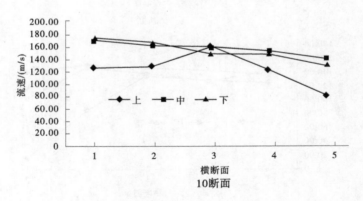

10断面

续(c)

续图 2-14

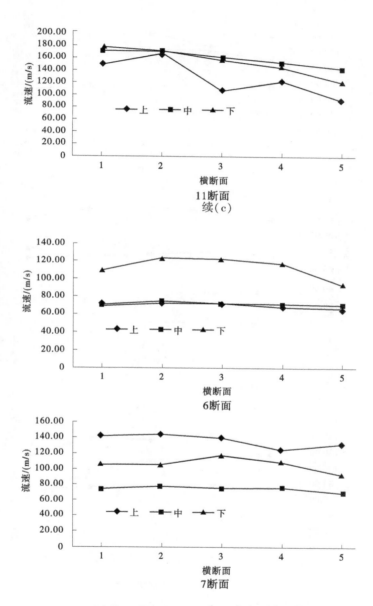

11断面

续（c）

6断面

7断面

（d）$\alpha = 30°$，$Q = 262$ m³/h 时，闸后断面流速

续图 2-14

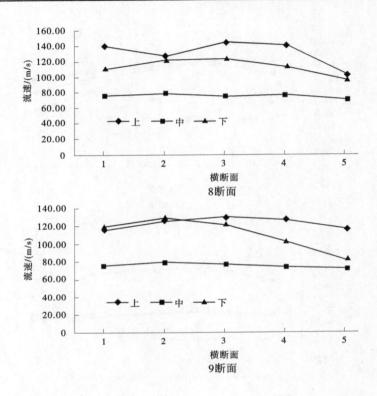

8断面

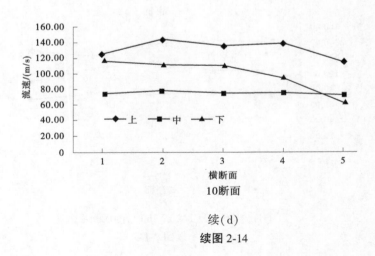

10断面

续(d)

续图 2-14

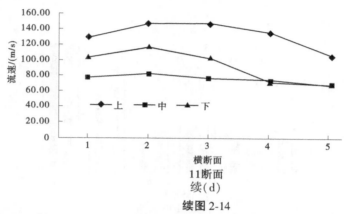

横断面
11断面
续(d)
续图 2-14

　　如图 2-14 所示，$\alpha = 30°$，不同流量的 6、7、8、9、10、11 横断面上、中、下 3 层流速各不相同，当流量 $Q = 150$ m³/h 时，渠道横断面可测量上、下两层流速，图 2-14 中显示，下层流速高于上层流速，且同一横断面，流速从第 1 点向第 5 点呈下降趋势；当流量增大，$Q = 200$ m³/h 时，渠道可测 3 层流速，由图 2-14 可以看出，从横断面第 1 点到第 5 点上、中两层流速变化较大，下层流速变化较为缓慢；当 $Q = 250$ m³/h 时，渠道横断面流速变化与 $Q = 200$ m³/h 大致相同；当 $Q = 362$ m³/h 时，水力自控倾斜闸门完全开启，渠道横断面流速变化较小，流速较均匀，此时上层流速大于下层流速、大于中层流速。

2.4.1.4　渠道底部及闸门水压力分布特性

　　通过对试验测试数据整理分析，探索渠道底部和闸门水压力分布规律，绘制水压力分布图，以 $\alpha = 40°$ 的斜立轴式水力自控闸门为例。如图 2-15 为渠道

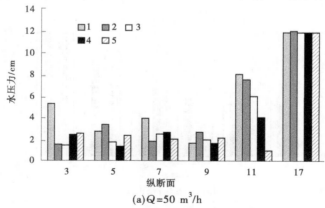

(a)$Q = 50$ m³/h

图 2-15　渠道底部水压力分布

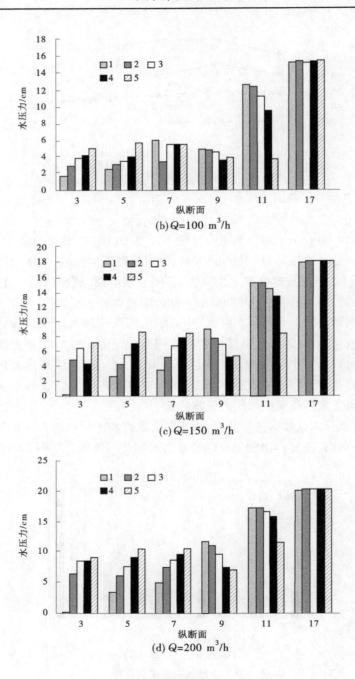

(b) $Q=100$ m^3/h

(c) $Q=150$ m^3/h

(d) $Q=200$ m^3/h

续图 2-15

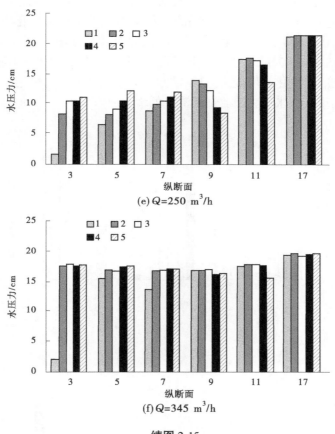

(e) $Q=250$ m³/h

(f) $Q=345$ m³/h

续图 2-15

底部水压力分布图,其中断面 1~11 为闸后纵断面,断面 17、18 为闸前纵断面;图 2-16 为闸门水压力分布图,断面 12~16 为闸门纵断面。

　　如图 2-15 所示,$\alpha=40°$ 的斜立轴式水力自控闸门在不同试验流量下的闸前水压力都非常稳定。当试验流量 $Q=50$ m³/h 时,此时试验流量较小,渠道底部水压力分布不一,无明显规律性。当试验流量增大到 $Q=100$ m³/h 时,3、5、9、11 纵断面出现规律性,3、5 纵断面渠道底部水压力从左往右逐级递增,9、11 纵断面渠道底部水压力从左往右逐级递增;当试验流量增加到 $Q=150$ m³/h 时,3 纵断面渠道底部水压力分布不规律,5、7、9 和 11 纵断面分布规律,5、7 纵断面渠道底部水压力从左往右逐级递增,9 和 11 纵断面渠道底部水压力逐级递减;试验流量增大,当 $Q=200$m³/h 时,闸后所有断面出现规律性,

3、5 和 7 纵断面渠道底部水压力从左往右逐级递增,9 和 11 纵断面渠道底部水压力逐级递减;试验流量 $Q = 250$ m³/h 的渠道底部水压力变化规律与 $Q =$ 200 m³/h 渠道底部水压力变化规律相同;试验流量继续增大,当试验流量达到最大试验流量 $Q = 345$ m³/h(闸门刚刚完全开启时的试验流量)时,水压力呈现不规律变化,变化幅度变小,且闸前闸后渠道底部水压力相差较小。倾斜角度相同,渠道底部水压力随着试验流量的增大而增大。

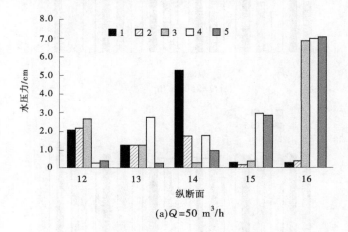

(a)$Q = 50$ m³/h

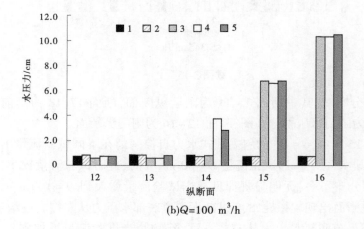

(b)$Q = 100$ m³/h

图 2-16　闸门水压力分布

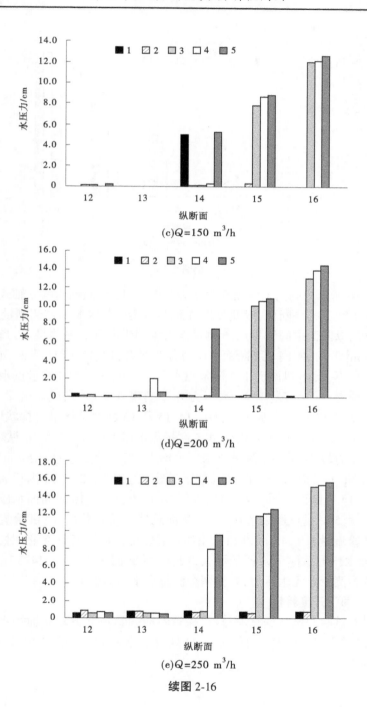

(c)Q=150 m³/h

(d)Q=200 m³/h

(e)Q=250 m³/h

续图 2-16

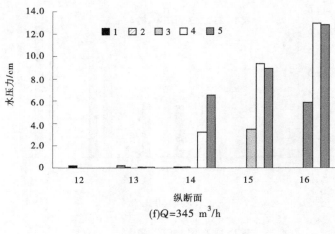

(f)$Q=345$ m^3/h

续图 2-16

图 2-16 所示为闸门上纵断面水压力分布图,12 纵断面为斜立轴式水力自控闸门从上往下第一断面,以此类推,1 测量点为闸门纵断面左侧测量点,3 测量点为闸门纵断面中间测量点,5 测量点为闸门纵断面右侧测量点,当试验流量 $Q=50$ m^3/h 时,闸门上纵断面水压力分布复杂,12、13 和 15 纵断面水压力较小且变化不一,16 纵断面 1、2 测量点水压力较小,3、4 和 5 测量点水压力较大且逐级增大;试验流量增大,水压力分布呈现规律性,当试验流量 $Q=100$ m^3/h 时,12 和 13 纵断面水压力较小,14、15 和 16 断面总体呈阶梯状增大,14 纵断面 1、2、3 测量点水压力较小,4、5 测量点水压力增大,15 和 16 纵断面 1、2 测量点水压力较小,3、4、5 测量点水压力增大;当试验流量 $Q=150$ m^3/h、$Q=200$ m^3/h 和 $Q=250$ m^3/h 时,水压力分布图较为相似,12 和 13 纵断面测量点无水压力,14 纵断面 5 测量点出现较高的水压力,15 和 16 纵断面水压力规律性较强,3、4、5 测量点逐级增长,两纵断面总体呈阶梯状增长;试验流量增大到最大试验流量 $Q=345$ m^3/h(闸门刚刚完全开启时的试验流量)时,14、15、16 纵断面水压力总体呈阶梯状增大,12、13 纵断面无水压力,14、15、16 纵断面左侧两个测量点无水压力,右侧两个测量点水压力较大。

2.4.1.5　闸门开度特性

通过对试验测试数据整理分析,探索不同倾斜角度下斜立轴式水力自控闸门随试验流量的变化而变化的规律,绘制闸门开启角度规律图(见图 2-17)。

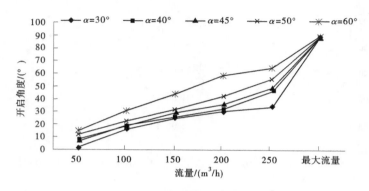

图 2-17　闸门开启角度规律

　　如图 2-17 所示,相同试验流量下,斜立轴式水力自控闸门的倾斜角度越大,闸门开启角度越大;相同闸门倾斜角度下,试验流量越大,闸门开启角度越大。

2.4.2　闸前水深 H 与流量 Q 的关系特性

　　根据试验结果绘制各倾斜角度的斜立轴式水力自控闸门闸前水头 H 与试验流量 Q 的关系(见图 2-18),由图 2-18 可以清楚地看出各倾斜角度下斜立轴式水力自控闸门闸前水头 H 与试验流量 Q 的大小关系。

　　如图 2-18 所示,各倾斜角度在试验流量 $Q = 50$ m³/h 到试验流量 $Q = 250$ m³/h 之间时,闸前水深随着试验流量的增大而增大,$\alpha = 30°$、$\alpha = 40°$、$\alpha = 45°$ 的斜立轴式水力自控闸门当试验流量增大到各自最大试验流量(闸门刚刚完全开启时的试验流量)时,闸前水深减小,$\alpha = 50°$、$\alpha = 60°$ 的斜立轴式水力自控闸门当试验流量增大到各自最大试验流量(闸门刚刚完全开启时的试验流量)时,闸前水深增大;相同试验流量,$\alpha = 30°$、$\alpha = 40°$、$\alpha = 45°$ 的斜立轴式水力自控闸门的闸前水深比 $\alpha = 50°$、$\alpha = 60°$ 的斜立轴式水力自控闸门的闸前水深较高,$\alpha = 30°$、$\alpha = 40°$、$\alpha = 45°$ 和 $\alpha = 50°$ 的斜立轴式水力自控闸门相同试验流量闸前水深相差较小,$\alpha = 60°$ 的斜立轴式水力自控闸门闸前水深总体最低。

2.4.3　水力自控倾斜闸门流量公式

　　根据《水力学》内容,倾斜闸门出闸孔流计算的基本公式可以由能量方程式来推求。

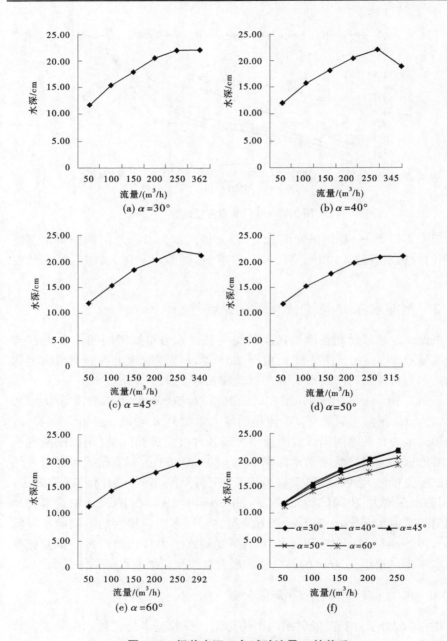

图 2-18　闸前水深 H 与试验流量 Q 的关系

本水力自控倾斜闸门水力计算设为底坎为宽顶堰型闸孔出流的水力计算。

对倾斜闸门的闸孔自由出流,写出闸前断面 0—0 及收缩断面 c—c 的能量方程:

$$H + \frac{\alpha_0 v_0^2}{2g} = h_c + \frac{\alpha_c v_c^2}{2g} + h_w$$

式中:h_w 为 0—0 到 c—c 断面间的水头损失,因为这一段水流是急变流,而且距离较短,可以考虑局部水头损失,即 $h_w = \zeta \dfrac{v_c^2}{2g}$,$\zeta$ 为局部水头损失系数。

令 $H + \dfrac{\alpha_0 v_0^2}{2g} = H_0$,称为闸孔全水头,则上式可整理成

$$v_c = \frac{1}{\sqrt{\alpha_c + \xi}} \sqrt{2g(H_0 - h_c)}$$

令 $\varphi = \dfrac{1}{\sqrt{\alpha_c + \xi}}$,称为流速系数,于是

$$v_c = \varphi \sqrt{2g(H_0 - h_c)}$$

因为
$$Q = v_c A_c = v_c b h_c$$
所以
$$Q = \varphi b h_c \sqrt{2g(H_0 - h_c)}$$

收缩断面水深 h_c 可表示为闸孔开度 e 与垂直收缩系数 ε_2 的乘积,即 $h_c = \varepsilon_2 e$。

又设 $\mu_0 = \varepsilon_2 \varphi$,$\mu_0$ 称为宽顶堰型闸孔出流的基本流量系数。则得

$$Q = \mu_0 b e \sqrt{2g(H_0 - \varepsilon_2 e)} \tag{2-1}$$

为便于实际应用,式(2-1)还可化为更简单的形式

$$Q = \mu_0 b e \sqrt{1 - \varepsilon_2 \frac{e}{H_0}} \sqrt{2g H_0}$$

即

$$Q = \mu b e \sqrt{2g H_0} \tag{2-2}$$

式中:μ 称为宽顶堰型闸孔自由出流的流量系数,$\mu = \mu_0 \sqrt{1 - \varepsilon_2 \dfrac{e}{H_0}} = \varepsilon_2 \varphi \sqrt{1 - \varepsilon_2 \dfrac{e}{H_0}}$。

2.4.4　倾斜闸门流量系数

流量系数表示的是某一堰闸在不同水位、不同过水断面面积上的过流能力。流量系数的求解原理是在闸门前后选取离闸门较近的两个渐变流断面建立能量方程和连续方程。

计算流量系数的方法分为两类:一类是闸前为短有压段,这类计算公式主要考虑了闸门开度和闸前水头 H 两个影响因素;另一类是闸前为长有压段,考虑的影响因素有闸门开度 e、闸前水头 H、闸门形式、有无闸门槽、隧洞断面形式及沿程水头损失。

由式(2-2)倾斜闸门的流量公式可知:

$$\mu = \frac{Q}{be\sqrt{2gH_0}}$$

式(2-1)或式(2-2)都是宽顶堰闸孔出流的计算公式。由于式(2-2)简单,便于计算,本次流量系数的讨论以式(2-2)为主。

因为流量系数 $\mu = \varepsilon_2 \varphi \sqrt{1-\varepsilon_2 \dfrac{e}{H_0}}$,垂直收缩系数 $\varepsilon_2 = \dfrac{e}{h_c}$, h_c 为收缩断面水深, e 为闸孔开度, ε_2 与闸孔入口的边界条件闸孔的相对开度有关,也反映出水流行经闸孔时流线的收缩程度。可以看出,闸底坎的形式、闸门的类型和闸孔相对开度 e/H 值,能够综合反映水流能量损失和收缩程度的流量系数 μ 值。

流速系数 $\varphi = \dfrac{1}{\sqrt{\alpha_c + \xi}}$ (ξ 为局部水头损失系数, α_c 代表过水面积), φ 值主要决定于闸孔入口的边界条件(如底坎的形式、闸门的类型等)。对坎高为零(无底坎)的宽顶堰型闸孔,可取 $\varphi = 0.95 \sim 1.0$;对有底坎的宽顶堰型闸孔,可取 $\varphi = 0.85 \sim 0.95$ 。流速系数也反映 0—0 至 c—c 收缩断面 c—c 流速分布不均匀和断面间的局部水头损失的影响。

垂直收缩系数 ε_2 是反映水流行经闸孔时流线的收缩程度, ε_2 不仅与闸孔入口的边界条件有关,而且与闸孔的相对开度 e/H 有关。所以综合反映水流能量损失和收缩程度的流量系数 μ 值,应取决于闸底坎的形式、闸门的类型和闸孔相对开度 e/H 值。

为了简化计算,当闸前水头 H 较高,而开度 e 较小或上游坎高 P_1 较大时,行近流速 v_0 较小,在计算中可以不考虑,即令 $H \approx H_0$ 。

对于有边墩或闸墩存在的闸孔出流,一般不需要在式(2-2)中再单独考虑侧收缩影响。试验证明,在闸孔出流的条件下,边墩及闸墩对流量影响很小。

2.4.4.1 平板闸门流量系数

对于平板闸门的闸孔,儒可夫斯基应用理论分析方法,求得在无侧收缩的条件下,平底坎平面闸门的垂直收缩系数 ε_2 与闸孔相对开度 e/H 的关系;ε_2 随相对开度的增大而加大,如表2-2所示。

表2-2　平板闸门的垂直收缩系数 ε_2

e/H	0.10	0.15	0.20	0.25	0.30	0.35	0.40
ε_2	0.615	0.618	0.620	0.622	0.625	0.628	0.630
e/H	0.45	0.50	0.55	0.60	0.65	0.70	0.75
ε_2	0.638	0.645	0.650	0.660	0.675	0.690	0.705

流量系数 μ 可按南京水利科学研究所的经验公式计算:

$$\mu = 0.60 - 0.176\,\frac{e}{H} \tag{2-3}$$

2.4.4.2 弧形闸门流量系数

对于弧形闸门的闸孔,垂直收缩系数 ε_2 主要与闸门下缘切线与水平方向夹角 α 的大小有关,可根据表2-3确定。

表2-3　弧形闸门的垂直收缩系数 ε_2

$\alpha/(°)$	35	40	45	50	55	60
ε_2	0.789	0.766	0.742	0.720	0.698	0.678
$\alpha/(°)$	65	70	75	80	85	90
ε_2	0.662	0.646	0.635	0.627	0.622	0.620

表2-3中 α 值按下式计算:

$$\cos\alpha = \frac{c - e}{R}$$

流量系数 μ 可由下面的经验公式计算:

$$\mu = \left(0.97 - 0.81\,\frac{\alpha}{180°}\right) - \left(0.56 - 0.81\,\frac{\alpha}{180°}\right)\frac{e}{H} \tag{2-4}$$

式(2-4)的适用范围是:$25° < \alpha \leqslant 90°$; $0 < \dfrac{e}{H} < 0.65$。

比较式(2-3)与式(2-4)可以看出:当 α 不是很大($\alpha < 80°$) 时,e/H 相同,弧形闸门的流量系数大于平板闸门的流量系数。这是因为弧形闸门的面板更接近于流线的形状,因而其对流水的干扰比平板闸门小。

上面对平板闸门及弧形闸门所得出的垂直收缩系数 ε_2 及流量系数 μ ,适用于平底闸孔。但某些试验证明,对于闸底坎高出渠底的宽顶堰闸孔,只要收缩断面 $c—c$ 仍位于闸坎上,而且闸门是装在宽顶堰进口下游一定距离处,则堰坎对水流垂直收缩的影响将不显著,仍可按平底闸孔的公式计算。

2.4.4.3　倾斜闸门流量系数

本书倾斜闸门的流量系数 μ 可按南京水利科学研究所的经验公式计算:

$$\mu = 0.60 - 0.176 \frac{e}{H}$$

式中:e 为闸门开度,$e = \dfrac{1}{2} b \sin \beta$($\beta$ 为倾斜闸门开启角度);H 为闸前水深。

2.4.4.4　倾斜闸门流量系数试验结果

经过理论分析和试验计算,倾斜闸门流量系数计算结果如表 2-4 所示。

表 2-4　倾斜闸门流量系数

倾斜角度/(°)	流量/(m³/h)					
	50	100	150	200	250	最大
$\alpha = 30$	0.59	0.54	0.52	0.51	0.51	0.44
$\alpha = 40$	0.56	0.56	0.52	0.51	0.49	0.42
$\alpha = 45$	0.56	0.53	0.51	0.50	0.48	0.44
$\alpha = 50$	0.54	0.51	0.49	0.48	0.46	0.43
$\alpha = 60$	0.52	0.47	0.45	0.43	0.44	0.42

由表 2-4 可见,当试验流量相同时,不同倾斜角度的倾斜闸门流量系数不同,随着倾斜角度的增大,倾斜闸门流量系数减小;当闸门倾斜角度相同时,随着流量的增大,流量系数逐渐减小。总体趋势如图 2-19 所示。

2.4.4.5　倾斜闸门流量系数影响因素

由前文知,流量系数 $\mu = \varepsilon_2 \varphi \sqrt{1 - \varepsilon_2 \dfrac{e}{H_0}}$ 。其中,流速系数 $\varphi = \dfrac{1}{\sqrt{\alpha_c + \xi}}$,是受

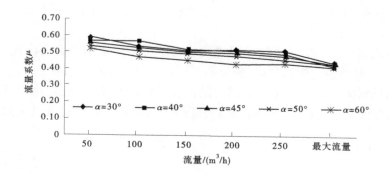

图 2-19　倾斜闸门流量系数

0—0 至 c—c 断面间的局部水头损失和收缩断面 c—c 流速分布不均匀的影响。φ 值主要取决于闸孔入口的边界条件(如底坎的形式、闸门的类型等)。对坎高为零的宽顶堰型闸孔,可取 $\varphi = 0.95 \sim 1.0$;对有底坎的宽顶堰型闸孔,可取 $\varphi = 0.85 \sim 0.95$。垂直收缩系数 ε_2 是反映水流行经闸孔时流线的收缩程度,ε_2 不仅与闸孔入口的边界条件有关,而且与闸孔的相对开度 e/H 有关。同时试验证明,在闸孔出流的情况下,边墩、闸墩对流量影响很小。所以综合反映水流能量损失和收缩程度的流量系数 μ 值,应决定于闸底坎的形式、闸门的类型和闸孔相对开度 e/H 值。

由倾斜闸门试验结果可知,流量系数随着倾斜闸门的倾斜角度和试验流量的改变而改变,说明闸门的倾斜角度和试验的流量也是影响倾斜闸门流量系数的因素。

2.5　小　结

本章主要对倾斜闸门的试验结果进行了整理与分析,首先分析了倾斜闸门过流的水流特性,包括水流流态、水面线、闸后下游河道流速场;然后分析了闸上水头与流量的关系;再依据对底坎为宽顶堰型闸孔出流的流量公式,推求过程利用能量方程和倾斜闸门的流量公式;通过推求得到的流量公式计算得到流量系数,分析不同因素对流量系数的影响。

主要结论如下:

(1)在自由出流情况下,倾斜闸门闸前水流流态稳定,水流流速分布均匀;但闸后水流液态不稳定,水流流速不均,水面线呈单一降落状态。

（2）倾斜闸门的倾斜角度对闸门的过流能力有影响,倾斜角度越大,影响越大。

（3）倾斜闸门的流量系数可用式(2-3)计算,该式适用于自由出流情况,式中流量系数为包含倾斜角度、流量等因素在内的综合流量系数。

（4）倾斜闸门的倾斜角度对闸门的流量系数的影响,一般在小流量时影响大,当流量大于或等于 150 m³/h 时,倾斜闸门的倾斜角度对流量系数影响较小。

第 3 章　对开斜立轴式水力自控闸门

3.1　对开斜立轴式水力自控闸门概况

3.1.1　闸门结构组成

对开斜立轴式水力自控闸门是指在河道、渠道等或者水库、蓄水池上建造的一种能够分别绕两扇闸门两侧的倾斜固定轴旋转的闸门,其拥有新型水力自控闸门所具备的优点,能够达到与其他传统形式闸门同样的蓄水、泄水和排沙作用,并且简便、快捷、实惠,同时能满足其他相对比较特殊的闸门修建条件。对开斜立轴式水力自控闸门在静止状态和开启状态下的三维视图如图 3-1 所示。

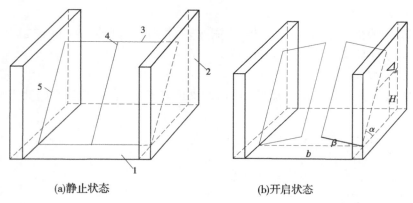

(a)静止状态　　　　　　　　　　　(b)开启状态

1—闸底板;2—边墙;3—对开斜立轴式闸门;4—止水;5—斜立轴;
H—上游水位;α—闸门倾斜角度;β—闸门开启角度;b—闸门宽度。

图 3-1　对开斜立轴式水力自控闸门三维视图

根据图 3-1,对开斜立轴式水力自控闸门可大体描述如下:它主要包括边墙和闸底板组成的闸室、两扇大小相同的闸门、斜立轴及止水。斜立轴通过锚固结构与边墙刚性连接,下端固定在闸底板与边墙的连接处,两边对称排布;闸门采用平面闸门,每扇闸门的宽度为两侧边墙之间净距离的 1/2,两扇闸门安装在闸室内,通过轴承固定在两侧边墙的斜立轴上;两扇闸门之间、闸门与边墙之间以及闸门与闸底板之间均设有止水,以防止闸门在关闭状态下以及开启后在旋转轴处漏水。斜立轴上端向水流上游方向倾斜,与闸底板形成的夹角为 α。当闸门完全关闭时,闸门的下端面支撑在闸底板上;开启时两扇闸门绕着斜立轴向下游方向在 0°~90° 旋转,但不能沿着斜立轴的轴线方向上下移动。

3.1.2 闸门受力情况与工作原理

当闸门工作时,上游来水量发生变化使上游水位发生改变,从而带动作用在闸门板上的水压力也会发生改变,对开斜立轴式水力自控闸门便是在水压力与自身重力的相互作用下完成自动开启和关闭。

受力(理论)分析主要研究对开斜立轴式水力自控闸门在无来水和有来水(分为无过流和有过流)情况下的受力,以分析其工作原理和计算其蓄泄能力。将无来水即闸门静止时称为情况 1,无过流条件下将有来水但来水不大称为情况 2,将来水使闸门刚要开启但尚未开启称为情况 3,有过流又分为闸门逐渐开启过程(情况 4)和闸门稳定工作过程(情况 5)。闸门在上述不同情况下的受力示意简图如图 3-2 所示。

选择其中一侧闸门进行分析,在斜立轴对闸门无其他荷载和不能忽略转轴摩擦力的前提下,各情况分析如下。

3.1.2.1 情况 1

闸门只受到重力 G 和渠道给闸门的支持力 F_N,且两个力使闸门处于平衡状态:

$$G = F_N \tag{3-1}$$

式中 G——闸门重力;

F_N——渠道对闸门的支持力。

3.1.2.2 情况 2

虽然上游有来水但来水非常小,此时水压力(可看作静水总压力)F_{P1} 也非常小,不过由于 F_{P1} 的存在,渠道给闸门的支持力 F_N 逐渐减小,但是四个力仍然使闸门处于平衡状态(由于水压力总是垂直于闸门板,重力、支持力总是竖直方向,用 b 代替闸门宽度,上述三个力对转轴的力矩与转动摩擦力 f_x 合力之和达到平衡)。

$$G\cos\alpha \frac{b}{2} + f_x = F_{P1} \frac{b}{2} + F_N\cos\alpha \frac{b}{2} \tag{3-2}$$

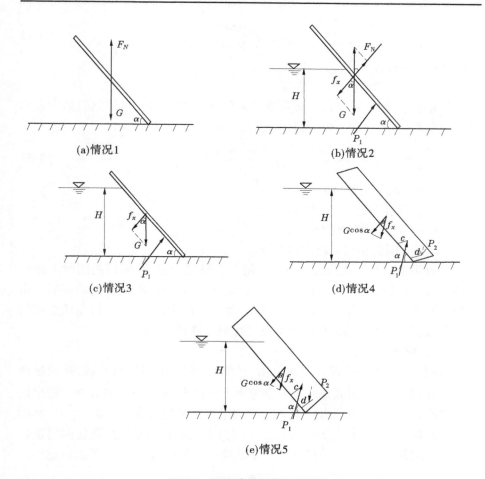

(a)情况1

(b)情况2

(c)情况3

(d)情况4

(e)情况5

图 3-2　不同情况下的闸门受力

式中　α——闸门倾角；

　　　b——闸门宽度；

　　　f_x——转动摩擦力（静摩擦力）；

　　　F_{P1}——上游静水总压力。

3.1.2.3　情况 3

　　闸门上游水压力 P_1 达到一定值，此时支持力 F_N 刚好消失，重力 G 对旋转轴的力矩加上转动摩擦力 f_x 与水压力 P_1 对旋转轴的力矩相等，使闸门处于平衡状态。

$$G\cos\alpha\,\frac{b}{2} + f_x = F_{P1}\,\frac{b}{2} \tag{3-3}$$

$$F_{P1} = \frac{\rho g b H^2}{2\sin\alpha} \tag{3-4}$$

式中　H——闸前水深;

　　　f_x——转动摩擦力(静摩擦力)。

忽略转轴摩擦,由闸门参数可推求对开斜立轴式水力自控闸门最大蓄水量。结合式(3-3)、式(3-4),可得

$$H = \sqrt{\frac{2G\cos\alpha\sin\alpha}{\rho g b}} = \sqrt{\frac{2m\cos\alpha\sin\alpha}{\rho b}} = \sqrt{\frac{2\rho' an\cos\alpha\sin\alpha}{\rho}} \tag{3-5}$$

式中　m——闸门质量,kg;

　　　a——闸门模型的高度,m;

　　　n——闸门模型的厚度,m;

　　　ρ'——闸门模型材料的密度,kg/m³。

H 为代表对开斜立轴式水力自控闸门在确定重量下,闸门关闭时上游能蓄到的最高水位,流量继续增大,上游水位超过此值时,闸门会自动开启。由三角函数关系可知,当 $\alpha = 45°$时,H 有最大值。此外,也可以求得在任意闸门倾角条件下 H 的最大值,并且在试验过程中也得到了验证。

3.1.2.4　情况4

水压力 P_1(此时应视为动水总压力)继续增大,闸门逐渐开启,并通过两扇闸门之间、闸门与闸底板之间的空隙向下游泄水,闸门下游转轴处逐渐出现水位壅高,即出现下游动水压力 P_2,但此时重力 G 与动水总压力 P_1、P_2 对轴的力矩不能平衡(前者大于后者),总作用力克服了转动摩擦后致使闸门绕轴向下游方向转动,闸门自动打开并处于运动但非匀速运动,即非平衡状态。

$$F'_{P1}c > G\cos\alpha \frac{b}{2}\cos\beta + F_{P2}d + f_x \tag{3-6}$$

式中　F'_{P1}——上游动水总压力;

　　　β——闸门开启角度;

　　　c——F'_{P1} 作用点到轴的垂直距离;

　　　d——F_{P2} 作用点到轴的垂直距离;

　　　f_x——转动摩擦力(动摩擦力)。

3.1.2.5　情况5

当闸门开启到一定程度,此时闸门处于稳定工作状态,闸门开度不再变化,闸前水位保持稳定,上游来水量维持在一定量也不再变化,这时其与闸门的下泄流量相等,上述三个力对轴的力矩与转动摩擦相等,闸门又处于静止条

件下的平衡状态。

$$F'_{P1}c = G\cos\alpha \frac{b}{2}\cos\beta + F_{P2}d + f_x \tag{3-7}$$

上述 5 种情况是除当设计流量不断增大到致使闸门开启角度达到最大时的情形。闸门在情况 5 时稳定运行,这时如若改变设计流量大小,使上游来水量以及闸前水位进一步增大,则闸门的受力状态又会回到情况 4,只是这时具体参数的数值会有所不同。此时闸门开度会进一步增大,下泄流量也会进一步加大,逐渐地,闸门受力状态又会回归到情况 5。一定条件下,闸门会全部打开,向下游方向旋转近 90°,开度达到最大,此时闸门板贴近边墙,泄流能力最强,可以很好地满足泄洪的需要,此时整个渠道相当于没有闸门的存在,是明渠恒定流。当闸门完全开启,此时闸门受力与情况 1 相同。

同样地,当设计流量变小,来水量以及闸前水位下降,闸门回关情况与上述过程正好相反:闸门自重产生的力矩大于上游水压力作用在闸门板上的力矩,克服转动摩擦之后闸门自主地向上游方向转动回关,闸门开度逐渐减小,下泄流量从而减小。逐渐地,闸门又会回到稳定的工作状态。最终,闸前水位下降到一定高度,来水量减小到一定程度,闸门自动关闭。由于止水的作用,可保证闸门不漏水,使闸门保留住上游的水,保持良好的蓄水状态,在实际情况中以便于兴利使用。上述情况表明,闸门倾角 α 一定时,上游来水越快、越多,闸门开启越快,闸门开度 β 越大;上游来水一定时,闸门倾角 α 越大,来水越容易冲开闸门,即开启闸门所需的力更小。

基本平衡方程直观地展现了对开斜立轴式水力自控闸门的工作过程与工作原理,结合水流连续性方程、能量方程与动量方程,并代入相关参数如闸门宽度 b、质量 m 等,可解析其他相关未知变量。

3.2　研究内容

本章主要研究内容有:

(1)前期利用理论分析,对闸门在不同上游来水情况下的受力状态进行研究,建立力的平衡方程或力矩平衡方程,进而确定闸门的工作原理和方法,计算闸门的蓄水能力。

(2)选取 7 个不同闸门倾角与 5 个上游设计流量的 35 种不同试验方案,利用概化物理模型试验的方法,观察各试验方案中闸门前后上下游水流流态及变化;测定闸门在稳定工作状态时渠道设计测点的流速、水深、渠底板时均动水压强;测定闸门板上的时均动水压强、闸门开度、闸门水面线;利用数值模拟计算,模拟典型试验方案下作用在闸门板上的水流脉动压强。

(3)结合试验现象,根据实测数据和数值模拟计算结果分析过闸水流流态特征,上下游水流流速、水深、时均动水压强分布规律,闸门水面线、闸门动水压强、闸门开度分布规律,最后求得闸门流量系数,分析流量系数影响因素与闸门过流能力。

3.3 材料与方法

3.3.1 模型制作与安装

3.3.1.1 模型制作原则

在闸门模型制作过程中保证了以下原则:

(1)闸门材料质地均匀,有一定刚度和强度。

(2)闸门的自重秉持了视水深大小确定,以保证在上游水压力作用下自由开闭并安全运行的原则。

(3)旋转轴有一定刚度和强度,并做好了防锈的工作。

(4)连接闸门与斜立轴的轴承保持了可使闸门绕轴自由旋转的原则。

3.3.1.2 闸门模型简述

对开斜立轴式水力自控闸门概化模型制作采用密度 $\rho' = 1.80$ g/cm³ 的 PVC 硬板,制作成 2 个相同的长方体(每一扇闸门的宽度 $b = 200$ mm,高度为 $a = 400$ mm,厚度 $n = 8$ mm)。

将两扇闸门看作一个整体,从离闸门边界 25 mm 处开始设置测点,在闸门从下至上均匀设置 8 个测量断面,间隔 50 mm,每个断面同样均匀设置 8 个测点(预留连接测压管开孔,孔径为 2 mm),间距 50 mm(如图 3-3 所示);最后在两扇闸门之间安装止水并分别在两扇闸门选定的一侧安装铝合金旋转轴,将其固定在渠道内侧。忽略闸门制作过程中开孔、测压管、止水以及转轴的影响,两扇闸门的总质量约为 $m = 2.30$ kg。

3.3.1.3 模型安装与检验

物理模型的制作安装由专门的模型工严格按照设计图纸进行,并准确控制精度与摩擦,模型尺寸误差控制在±1 mm 以内,模型安装误差控制在±0.3 mm 以内。在安装位置的选取上,为保证上游渠道来水处于缓流状态,不发生紊乱,使闸门上游有了较长的过渡段,长度达到了 3 倍的渠道宽度以上。此

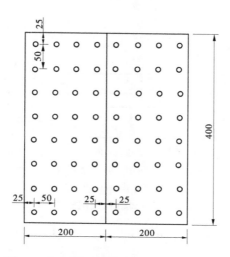

图 3-3　闸门模型及测点布置　（单位：mm）

外，由于试验模拟的是平原地区的稳定性河流，为避免影响水流状态，还确保了渠道底板及两侧平整光滑。最后，根据《水工（常规）模型试验规程》（SL 155—2012）的规定，对闸门板、观测设备、试验设施和供水系统进行了检测、率定和校准。

3.3.2　试验场所与设备

3.3.2.1　试验设施

对开斜立轴式水力自控闸门水流特性研究试验于山东农业大学水利工程试验中心水工试验大厅进行。模型试验系统主要组成部分如图 3-4、图 3-5 所示，试验系统满足《水泵模型及装置模型验收试验规程》（SL 140—2006）的要求。其中，闸门所在的模型试验区过水渠道断面为矩形断面，宽、高均为 400 mm，渠道底坡坡降为 1/2 000，闸门模型控制区长 300 mm。整个渠道安装成为一个完整的整体结构，稳定性有保证。

3.3.2.2　测量仪器及测定手段

（1）流量测量：电磁流量计（单位 m³/h）。

电磁流量计（如图 3-6 所示）安装在试验系统进水管道上，主要通过调节从而设定上游设计流量的大小。试验过程中在每个闸门倾角下分别设定 5 个上游流量，即 50 m³/h、75 m³/h、100 m³/h、125 m³/h 及 150 m³/h。

（2）水深测量：水位测针（精度为 0.1 mm）。

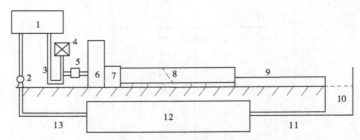

1—高位水池;2—水泵;3—供水管道;4—闸阀;5—电磁流量计;6—供水池;
7—前水池;8—斜立轴式水力自控闸门;9—泄水渠;10—尾水池;11—回水渠;
12—地下水库;13—进水管。

图 3-4 试验系统组成

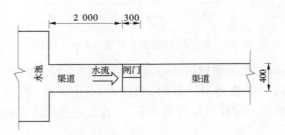

图 3-5　渠道俯视图　（单位:mm）

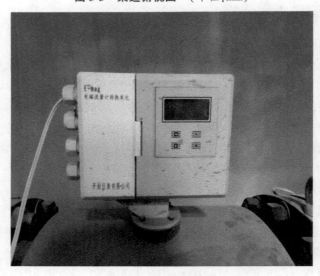

图 3-6　电磁流量计

水深测量利用水位与底板的高程差确定,水位测针如图 3-7 所示。其优点:结构简易方便、易安装使用。

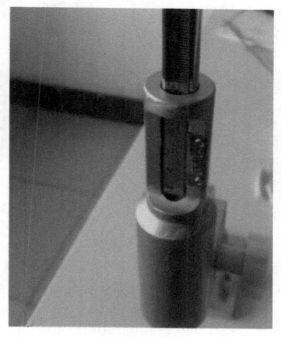

图 3-7 水位测针

每个测点的水的深度等于测针刚接触水面时的读数减去测针刚接触渠底时的读数($s=s_1-s_2$),每个读数读 3 次,并取 3 次读数的平均值。

(3)流速测量:OA 型便携式测速测量仪(一维流速,单位 cm/s)。

流速测量利用 OA 型便携式测速测量仪(见图 3-8)确定。

优点:省电、持续工作时间长、测量温度范围广、功能齐全、自动化程度高、稳定可靠、测流误差小(<1.5%)、起动流速小(≤1 cm/s),测速范围(0.01～4.0 m/s,可到 5 m/s)及工作水深(<20 m)符合国家明渠流量测量标准,线性度、同心度、率定系数及均方差同样均符合测量规定,适用于本试验。测量时,设定流速仪流速传感器叶轮 $t=2.88$;设定 3 次采样,每次采样时间 10 s。每次采样完成后测速仪由旋桨的转速推求水流流速,最后综合 3 次测定的平均值来确定某一测点的流速。

选用旋桨直径为 15 mm 的光纤微型旋桨测速传感器进行测杆定位测量。

优点:旋桨螺旋角、螺距材料工艺先进,旋桨反光面电镀制作工艺先进,耐磨

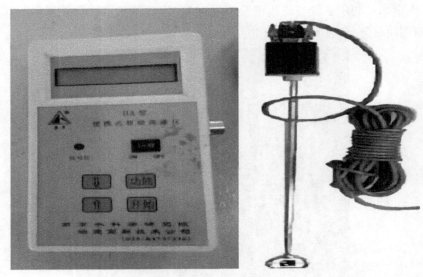

图 3-8　OA 型测速仪

损、信号强,参数稳定。利用流速仪与传感器进行渠道测点流速的测定时,将传感器垂直插入水流中,使传感器轻触渠道底部,来测量渠道测点水流的最底层流速。

(4)时均动水压强测量:测压管组成的测压排(单位 cm,精度 0.1 cm)。

时均动水压强利用测压排(见图 3-9)确定。

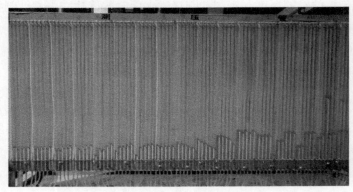

图 3-9　测压管

试验前,先对各个测压管组成的测压排进行灌水,使之同一断面水位大致保持一致(不同断面水位允许不同,断面相对位置越高,测压管数值越大)并记下初始数据。试验时,待测压管稳定后记下最终数据(以上数据均为读数 3 次取平均值),两者之差即为各测点的时均动水压强。

除以上各仪器外,在标定闸门倾角、测量两扇闸门之间的净距、闸门水面线时还需要用到量角器与直尺。上述 3 个指标同样测定 3 次取均值。

以上各仪器均由标准精度及单位标定,渠道及闸门上测压管的安装以及仪器的使用基本不影响水流状态,测量方法满足试验基本的重复性以及准确性的要求。

3.3.3　试验设计与试验方案

3.3.3.1　测点布置

根据试验设施、系统供水能力和模型尺寸的要求,试验在渠道底板上沿垂直渠道方向设置横断面,从闸前向闸后共设 15 个断面,其中闸前 4 个断面(编号 0~3,其中 1、2 和 2、3 断面间隔 100 mm,0 断面与 1 断面间隔 800 mm),闸后 11 个断面(编号 4~14,间隔 100 mm),3、4 断面与闸门模型控制区的距离均为 10 mm。每个断面均匀设置 5 个测点(面向渠道下游,每个横断面中最右侧为第 1 个点,中间为第 3 个点,最左侧为第 5 个点),间距 66.66 mm。上述测点用以测量渠道断面水深及流速(见图 3-10)。时均动水压强的测定除利用前述渠道底板上的测点外,还要包括在闸门板上设置的测点(闸门上断面与测点的布置见图 3-11,8 个断面在闸门放置完毕后从底部到顶部依次编号15~22,每个断面中的 8 个测点编号规则如下:选择其中一扇闸门,从闸门转轴一侧向闸门开启一侧依次编号 1~4,另外一扇闸门对称编号)。以上所有测点开孔孔径均为 2 mm,在渠道底部和闸门背面用内外径为 1 mm×2 mm 的硅胶管将所有测点开孔与竖直放置的测压管进行连接。

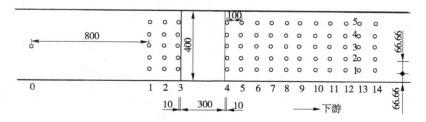

图 3-10　渠道测点布置　(单位:mm)

3.3.3.2　试验方案

考虑到实验室水泵扬程参数、试验渠道、闸门模型及闸门实际工作情况等

图 3-11　渠道实拍

约束条件,试验设计流量为 50~150 m³/h(流量间隔 25 m³/h),保证了在最大流量下边墙高度始终大于上游水深,并有一定量的富余,以保证安全运行;闸门设计倾斜角度定为 30°~60°(间隔 5°)。35 组具体试验方案见表 3-1。

表 3-1　对开斜立轴式水力自控闸门试验方案

倾角 α/ (°)	流量 Q_1/ (m³/h)	流量 Q_2/ (m³/h)	流量 Q_3/ (m³/h)	流量 Q_4/ (m³/h)	流量 Q_5/ (m³/h)
30	50	75	100	125	150
35	50	75	100	125	150
40	50	75	100	125	150
45	50	75	100	125	150
50	50	75	100	125	150
55	50	75	100	125	150
60	50	75	100	125	150

闸门模型安装完毕之后,在进行试验之前,要进行试水工作,首先确保渠道系统循环供水稳定、顺畅,确保渠道无漏水现象;其次要对闸门质量进行检验,并做好相应的记录,发现问题及时采取补救措施。试验过程如图 3-12

所示。

(a)前视图

(b)后视图

(c)俯视图

图 3-12　试验过程

3.4 结果与分析

3.4.1 渠道水流特性

本节的主要内容是对对开斜立轴式水力自控闸门在不同试验方案下的上、下游水流特性,包括渠道水流流态、水深、流速以及渠底时均动水压强分布特点进行阐述,通过模型试验对各参数进行测量、记录和分析,得到的结果如下。

3.4.1.1 泄水流态

如 3.1.2 节所述,对开斜立轴式水力自控闸门的泄水过程可分为 5 种情况,整个过程的泄水水流特点随时间变化呈现出不同的表现形式,但每个试验方案下水流流态均稳定。此外,由于两个自变量即上游设计流量 Q 与闸门倾斜角度 α 的不同,不同的试验方案下,测点控制内的泄水水流特点也会有所不同。由于对开斜立轴式水力自控闸门泄流时,上游流态并无明显变化,只是水深有变,因此此部分着重描述泄流时下游的流态特征,下面分别进行介绍。

对开斜立轴式水力自控闸门的物理形态和放置形式决定了泄水的流态。以 $\alpha = 30°$、$Q = 50 \text{ m}^3/\text{h}$ 为例,结合 3.1.2 节,情况 1(无来水即闸门静止)不涉及泄水水流特点,不进行讨论;情况 2(无过流条件下有来水但来水不大)、情况 3(来水使闸门刚要开启但尚未开启)由于闸门的阻挡作用,此时下游并无过水,只是上游水位伴随着回波不断增高,蓄水量逐渐增大,水体对渠道底板、渠道边墙及闸门板的压力逐渐增大。以下着重描述情况 4(有过流中闸门逐渐开启过程)和情况 5(有过流闸门稳定工作过程)。

由于两扇闸门对称排布安装,试验无影响下泄水流的因素,闸门密封性较好且基本上属于同时开启,因此下游泄水水流从闸门底部闸孔成股出流,并逐渐延伸至下游河床也呈对称分布,属于恒定非均匀急变流,而各情况下闸门上游水流流态稳定,水面平稳。情况 4 下游水流状态如图 3-13(a)所示,对开斜立轴式水力自控闸门的闸孔形状对水流的影响较大,其次渠道边墙的抑制作用也很明显;情况 5 水流状态如图 3-13(b)所示,过水量明显增多,但水流弯曲变化状态依旧比较明显,以两扇闸门中间线为对称轴,水流呈完整的菱形波状弯曲延伸至下游。以上两种情形闸后旋转轴与边墙的连接处水位出现壅高并产生漩涡,此区域水流属于紊流。

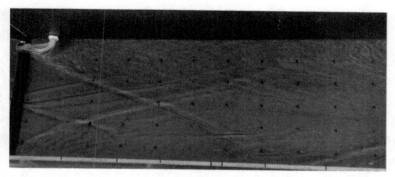

(a)闸门开启过程中

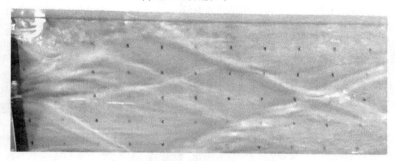

(b)闸门稳定工作中

图 3-13　$Q=50\ \mathrm{m^3/h}$、$\alpha=30°$时下游泄水流态

（1）当闸门倾角 α 不变，流量 Q 逐渐增大或者流量 Q 不变，闸门倾角 α 逐渐增大时，情况 4 闸后泄水流态呈现出大体一致的变化趋势：泄流更快。由理论分析得知，这是由于当上游设计流量增大时，使闸门开启的上游水的作用力更大；闸门倾角增大时，使闸门开启所需的启闭力变小。以上两种情况均导致泄流速度加快。

（2）然而情况 5 则有所不同：在闸门倾角 α 较小（$30°\sim45°$）时，随流量 Q 的增大，水流由各测点较为均匀变为各测点有较大起伏；横向来看，菱型水波由贴近渠道壁逐渐向渠道内侧收缩，流量 Q 每增大 $25\ \mathrm{m^3/h}$ 菱形波平均向内收缩 $1\sim2\ \mathrm{cm}$，流量 Q 到达 $150\ \mathrm{m^3/h}$ 时向内收缩 $6\sim7\ \mathrm{cm}$；纵向来看，菱型水流波及的范围更小，水流向上游收缩，更靠近闸门附近，以菱形水波的顶点为例，流量 Q 每增大 $25\ \mathrm{m^3/h}$，菱形波平均向上游收缩 $4\sim5\ \mathrm{cm}$，流量 Q 到达 $150\ \mathrm{m^3/h}$ 时向上游收缩 $15\sim20\ \mathrm{cm}$。在闸门倾角 α 较大（$50°\sim60°$）时，随流量 Q 的增大，情况则相反，水流由各测点有较大起伏变为各测点较为均匀。

在流量 Q 较小（50~100 m³/h）时，随闸门倾角 α 的增大，水流由各测点较为均匀变为各测点有较大起伏：横向来看菱形水波由贴近渠道壁逐渐向渠道内侧收缩，闸门倾角 α 每增大 5°，菱形波平均向内收缩 1~2 cm，闸门倾角到达 60° 时，向内收缩 6~7 cm；纵向来看菱形波水流波及的范围更小，水流向上游收缩，更靠近闸门附近，以菱形波的顶点为例，闸门倾角 α 每增大 5°，菱形波平均向上游收缩 4~5 cm，闸门倾角到达 60° 时向上游收缩 15~20 cm。在流量 Q 较大（50°~60°）时，随闸门倾角 α 的增大，情况则相反，水流由各测点有较大起伏变为各测点较为均匀。

由此可见，闸后水流受闸门倾角与上游设计流量两个自变量的影响巨大。图 3-14 为不同试验方案下的下游泄水流态。

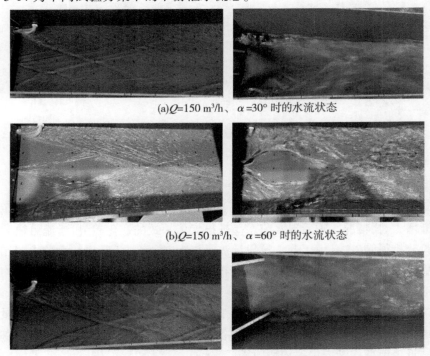

(a)Q=150 m³/h、 α =30° 时的水流状态

(b)Q=150 m³/h、 α =60° 时的水流状态

(c)Q=150 m³/h、 α =60° 时的水流状态

图 3-14　不同试验方案下的下游泄水流态

由于对开斜立轴式水力自控闸门的泄水水流为菱形波状，因此闸门在实际的运行工作过程中，需要考虑菱形冲击波对渠道边墙的作用，应当在渠道适当位置加强防护。当试验流量达到各自倾角下的最大值时，闸门完全开启，紧

贴于渠道边墙上,闸门的阻水作用不再存在,整个渠道水流可视为明渠恒定均匀流或明渠恒定非均匀渐变流。

3.4.1.2　水深特征

(1)对开斜立轴式水力自控闸门下游水深分析方法同 3.3.3.1 类似,但主要研究闸门稳定工作状态下的水深特征,即情况 5。水深变化同上述水流特征变化有着密切的关联,流态特点一定程度上代表了各测量位置的水深特点。

在每组试验方案下,对开斜立轴式水力自控闸门闸前上游水位稳定,水深特征表现出基本一致的规律性:每个测点水位大体相同。选取上游 0 断面的测点水深进行研究,具体数值见表 3-2。

表 3-2　不同试验方案下的上游水深

倾角 α/(°)	Q_1 上游水深/cm	Q_2 上游水深/cm	Q_3 上游水深/cm	Q_4 上游水深/cm	Q_5 上游水深/cm
30	12.34	13.60	14.97	16.05	16.95
35	12.27	14.16	15.33	16.45	17.55
40	12.61	14.25	15.22	16.22	16.76
45	12.68	13.94	14.15	16.00	16.39
50	12.34	13.66	14.54	15.19	16.03
55	12.26	12.48	14.04	14.62	14.64
60	11.63	12.63	13.26	13.43	13.82

图 3-15 展现了上游水深在不同试验方案下的变化趋势。对比可得以下规律:在同一闸门倾角下,闸前水位随流量增大而升高,但角度越大,升高的幅度越小(30°时增幅在 1~2 cm,到 60°时增幅减小到 0.5~1 cm);在同一流量条件下,闸前水位随闸门倾角增大,大致呈下降趋势,流量越大,下降幅度越明显(流量 50 m³/h 时,从 30°到 60°大约下降 0.7 cm;流量 150 m³/h 时,从 30°到 60°大约下降 3 cm)。

(2)由 3.4.1.1 可知,闸后各测点水深分布极不规则,较为复杂。但可归纳如下:总的来看,闸后水深主要受倾角和流量两方面因素的影响。按区域来看,不同测点位置在不同倾角与流量试验方案下会有不同的水深。两扇闸门开启侧最底部边角区域是除上游外水位最高的地方,水流主要从此处下泄;闸门板后旋转轴与边墙的连接处由于水流是湍流,产生大量气旋,水深极不稳

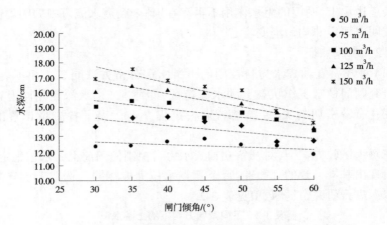

图 3-15　不同试验方案下的上游水深

定;除上述两个较为特殊的区域外,便是下游菱形状水流:在菱形的顶点水流汇聚之处和水流与渠道壁接触之处,水由于与自身或与外部边界碰撞挤压产生壅高,因此此处水深较大,而菱形内部区域水深则较小。但靠近上游时菱形波在不同测点位置水深相差较大,越向下游水流除渠道外受到的外部干扰越少,菱形水流越趋于平缓(菱形波越不明显),不同测点位置水位差变小。

①选取下游 4 断面第 3 测点为下游典型水位测点,探讨不同流量和倾角条件下的下游水深变化规律,见表 3-3。总的结果表明,倾角越大,水位在各流量情况下越趋于一致;以流量 100 m³/h 为界,水位在各倾角情况下前后变化较大。

表 3-3　不同试验方案下的下游水深

倾角 α/ (°)	Q_1 下游水深/ cm	Q_2 下游水深/ cm	Q_3 下游水深/ cm	Q_4 下游水深/ cm	Q_5 下游水深/ cm
30	5.16	7.10	10.55	11.57	13.41
35	5.23	7.88	10.55	11.58	13.75
40	5.32	8.51	11.54	13.24	14.11
45	6.31	9.10	12.36	13.39	13.85
50	7.94	10.57	12.50	13.10	14.28
55	8.72	11.66	12.73	12.57	13.07
60	9.41	11.75	11.89	12.03	12.19

由上得知,倾角在 45° 以前,水深在各流量条件下随角度的增减变化幅度不大(流量 50 m³/h 时水深稳定在 5.2~5.3 cm,流量 75 m³/h 时水深稳定在

7~8.5 cm,流量 100 m³/h 时水深稳定在 10.5~11.5 cm,流量 125 m³/h 时水深稳定在 11.5~13 cm,流量 150 m³/h 时水深稳定在 13.5~14 cm);而倾角在 45°以后则相反(流量 50 m³/h、75 m³/h 时增长速度较快:前者约从 6 cm 增长到 9.5 cm,后者约从 9 cm 增长到 12 cm;流量 125 m³/h、150 m³/h 时则减小:流量前者约从 13.5 cm 减小到 12 cm,后者约从 14 cm 减小到 12 cm,减小的幅度略小于增长的幅度)。流量 100 m³/h 时水深均匀稳定,在 10.5~12.5 cm。图 3-16 更直观地展现了下游水深在不同试验方案下的变化规律。

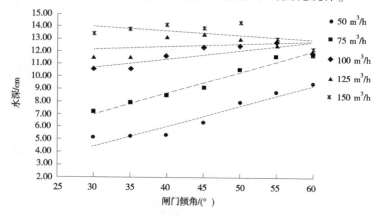

图 3-16　不同试验方案下的下游水深

②以 $\alpha=45°$、$Q=100$ m³/h 为例,由于过闸水流基本以下游所有断面的第 3 测点的连线为对称轴呈对称分布,因此在水流纵剖面上只做出下游 4~14 断面第 1、2、3 测点的水深图,如图 3-17 所示。

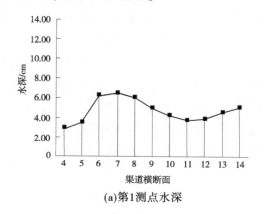

(a)第1测点水深

图 3-17　不同测点的断面水深

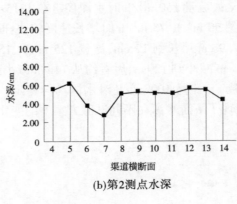

(b)第2测点水深

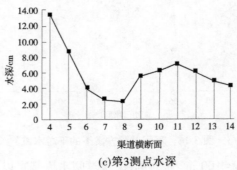

(c)第3测点水深

续图 3-17

　　从图 3-17 可以看出:水流深度在闸后有限区域内的分布极不均匀,差别极大,越向下游水深分布越均匀(稳定在 4~5 cm)。

　　③结合图 3-17,在水流横截面上,选取了具有典型代表意义的 4 个断面,分别是 4、7、10、14 断面,它们分别代表了在不同区域下水流在横断面上的水深分布。这 4 个典型的区域分别是:水流刚出闸门时的水深分布区域(第一个菱形波上游顶点);菱形波对角线水深分布区域;第一个菱形波下游顶点(水流碰撞壅高处)水深分布区域;下游水深分布区域。做出上述每个断面的 1~5 测点的水深图,如图 3-18 所示。

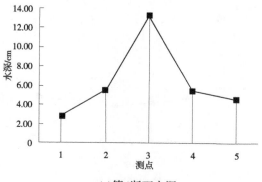

(a)第4断面水深

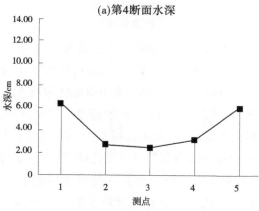

(b)第7断面水深

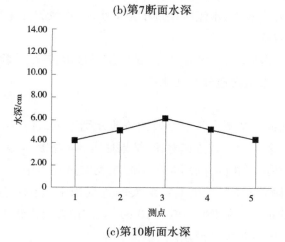

(c)第10断面水深

图 3-18　不同断面的测点水深

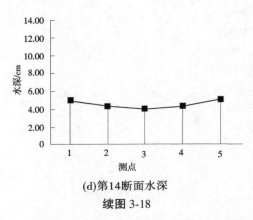

(d)第14断面水深

续图 3-18

从图 3-18 可以看出,横断面水深曲线也是基本以第 3 测点为对称点对称,水流越向下游越趋于均匀(稳定在 4~5 cm),这和前述规律一致。图 3-17(c)、图 3-18(a)中图像最高点即为闸孔集中泄流区域测点的水位。

小结:综上所述,当闸门倾角相同、试验流量不同时,以及当水流水深与试验流量相同、闸门倾角不同时,水流水深特点——闸门前后水面线大致呈单一降落状,前者闸门倾角致使闸前闸后水位变化幅度减小,后者设计流量则对闸门前后水位差变化影响不大。闸门的存在使得闸门前后上下游水位跨度较大,加之闸门倾角和设计流量两个自变量对水位的影响,单因素作用下,某一变量越大,闸门开度越大,水流越接近于正常水流,水位的变化程度范围减小。

3.4.1.3 流速特征

在既定试验方法下进行流速测定,试验结果显示:各个试验方案中上游流速较为稳定,下游渠道流速分布变化不一。

1. 上游流速

上游每个断面每个测点各个流层的流速差别不大,选择第 0 断面的测点进行不同试验方案下的上游流速对比,结果如表 3-4 与图 3-19 所示。

可以看出:在流量相同、闸门倾角不断增大的过程当中,上游流速变化并不明显;在闸门倾角相同,流量不断增大的过程当中,上游流速也随之增大(流量每增大 25 m^3/h,流速平均增大 10 cm/s)。由此可以得出结论——上游流速的主要影响因素是设计流量。

表 3-4　不同试验方案下的上游流速

倾角 α/（°）	Q_1 上游流速/（cm/s）	Q_2 上游流速/（cm/s）	Q_3 上游流速/（cm/s）	Q_4 上游流速/（cm/s）	Q_5 上游流速/（cm/s）
30	23.75	33.26	44.39	54.09	59.37
35	22.79	32.77	45.26	52.65	61.19
40	23.27	34.89	44.78	53.03	59.37
45	23.09	34.45	42.95	52.36	61.48
50	23.27	34.21	46.79	55.82	61.29
55	23.75	32.20	47.75	57.60	62.05
60	25.77	34.77	47.79	58.38	62.34

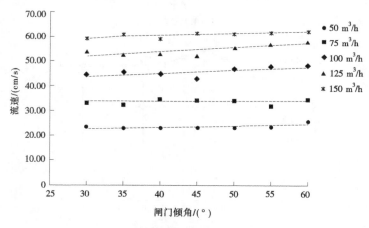

图 3-19　不同试验方案下的上游流速

2. 下游流速

下游流速分布规律较为复杂，主要分为以下几个方面。

（1）纵剖面上，各个断面相同测点的流速从上游至下游分布较不稳定。以 α=45°、Q=100 m³/h 为例，由于过闸水流基本以下游所有断面的第 3 测点的连线为对称轴呈对称分布，因此在水流纵剖面上只做出下游 4~14 断面第 1、2、3 测点底层的流速图，如图 3-20 所示。

从图 3-20 可以看出：水流流速在闸后有限区域内的分布较为不均匀，差别较大，越向下游流速分布越均匀（稳定在 120~140 cm/s）。

（2）横断面（每个设计断面）每个设计测点上，同 3.3.3.1 与 3.3.3.2 相似，流速分布也以第 3 测点为中心呈对称分布。以 3.1.2 中以 α=45°、Q=100m³/h 时的 4、7、10、14 断面为典型断面、最底层流速为例做图，如图 3-21 所示。

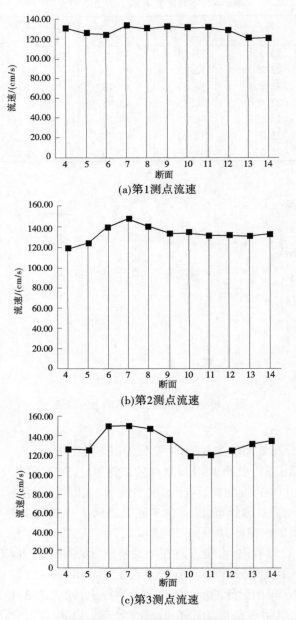

(a)第1测点流速

(b)第2测点流速

(c)第3测点流速

图 3-20　不同测点的断面流速

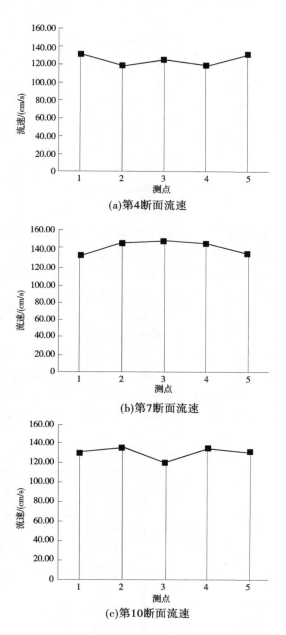

(a)第4断面流速

(b)第7断面流速

(c)第10断面流速

图 3-21　不同断面的测点流速

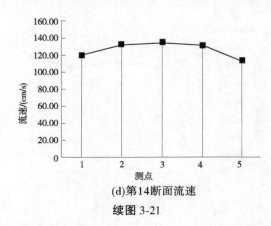

(d)第14断面流速

续图 3-21

结合横纵剖面的流速分布规律可以看出：对开斜立轴式水力自控闸门水流流速在越靠近闸门附近分布越不均匀，越向下游分布越均匀(稳定在 120～140 cm/s)，这和流态与水深的分布规律类似。流速的大小与测点的位置有关，结合典型断面图可以得出，流速的大小大致与水深成反比。由水力学原理可知，这是因为在流量与倾角一定的前提下，测点的水深越小，流过测点的断面面积越小，流速越大；相反测点水深越大，流速越小。

(3)明显的，下游流速的大小也与闸门倾角和设计流量密切相关。因此，为研究不同试验方案下的下游流速大小与分布情况，选择各个试验方案中下游 4 断面第 3 测点的流速作为计量标准进行不同试验方案下的下游流速对比，表 3-5 与图 3-22 的结果表明，渠道上、下游流速差异显著，并且随试验方案改变而产生的变化趋势也不相同。

表 3-5　不同试验方案下的下游流速

倾角 α/(°)	Q_1 下游流速/(cm/s)	Q_2 下游流速/(cm/s)	Q_3 下游流速/(cm/s)	Q_4 下游流速/(cm/s)	Q_5 下游流速/(cm/s)
30	112.59	112.84	115.89	117.74	118.60
35	109.39	109.77	112.56	113.32	115.43
40	101.03	101.70	104.49	109.93	111.13
45	96.04	99.11	99.78	105.45	108.23
50	96.43	97.69	98.73	98.84	105.41
55	83.94	87.50	87.51	94.02	98.89
60	77.72	78.78	81.35	86.06	93.83

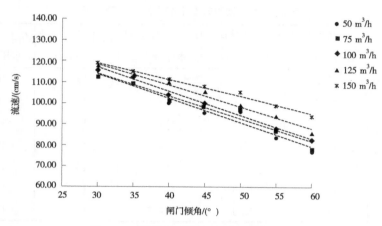

图 3-22　不同试验方案下的下游流速

　　可以看出：对于各试验方案中下游 4 断面第 3 测点的流速而言，在流量相同的情况下，闸门倾角不断增大，流速反而不断越小（倾角每增大 5°，流速平均减小 5~6 cm/s）；在闸门倾角相同的情况下，流量不断增大，流速大致呈不断增大态势（流量每增大 25 m³/h，流速平均增大 2~4 cm/s）。此外，对于其他测点，也有上述相同的规律，只是具体数值会稍有不同。由此可以得出结论——下游流速的变化主要受设计流量与闸门倾角两方面的影响。

　　小结：综上所述，对开斜立轴式水力自控闸门流速分布与水流流态、下游水深有密切的关系。流速分布的复杂性是对开斜立轴式水力自控闸门水流特性的一个重要方面，其与闸门倾角、设计流量两个因变量及闸门开度等因素有着紧密的联系。总的来看，上游流速分布规律是：流量相同，闸门倾角增大，上游流速变化并不明显；闸门倾角相同，流量增大，上游流速随之增大。对于下游而言，每个设计断面及设计测点等各个位置的流速呈现同样的、与上游流速分布相反的规律，即流量相同，闸门倾角增大，流速越小；闸门倾角相同，流量增大，流速越大。由此可见，上游流速的主要影响因素是设计流量，是单因素变量；下游流速的变化主要受设计流量与闸门倾角两方面的影响，是多因素变量。

3.4.1.4　渠底时均动水压强特征

　　（1）在本试验中，每个试验方案下，上游各个测点产生的时均动水压强基本相同。这也是上游水深、水流流速变化不大，基本保持一致的体现。因此，选择其中上游 0 断面的测点，将各个试验方案下此测点的时均动水压强进行比较，分析其与闸门倾角与设计流量之间的关系。具体数值见表 3-6。

表 3-6 不同试验方案下的上游时均动水压强

倾角 α/ (°)	Q_1 上游时均动水压强/cm	Q_2 上游时均动水压强/cm	Q_3 上游时均动水压强/cm	Q_4 上游时均动水压强/cm	Q_5 上游时均动水压强/cm
30	12.2	13.4	14.9	15.5	16.5
35	12.2	14.0	15.1	16.0	16.7
40	12.3	13.8	14.8	15.5	16.3
45	12.2	13.6	14.7	15.5	15.8
50	12.3	13.3	14.3	14.5	15.2
55	11.7	13.1	13.5	13.6	14.0
60	11.3	12.1	12.7	12.9	13.6

从表 3-6 可以看出,上游时均动水压强分布规律与上游水深分布规律十分相似,这说明上游时均动水压强与水深之间关系密切,水深的大小直接影响到了时均动水压强的大小,是最主要的因素。因此,时均动水压强与流速呈负相关。

①在设计流量相同、闸门倾角逐渐增大的过程中,上游水深逐渐减小,上游时均动水压强也逐渐减小,减小的幅度会随着流量的增大而增大:流量为 50 m³/h 时,从 30° 到 60° 减小约 1.1 cm;流量为 75 m³/h 时,从 30° 到 60° 减小约 1.3 cm;流量为 100 m³/h 时,从 30° 到 60° 减小约 2.2 cm;流量为 125 m³/h 时,从 30° 到 60° 减小约 2.6 cm;流量为 150 m³/h 时,从 30° 到 60° 减小约 2.9 cm。

②在闸门倾角相同、设计流量逐渐增大的过程中,上游水深逐渐增大,此时上游时均动水压强也随之增大,增大的幅度会随着闸门倾角的增大而减小:闸门倾角为 30° 时,流量从 50 m³/h 变化到 150 m³/h,上游时均动水压强约增大 4.3 cm;闸门倾角为 35° 时,流量从 50 m³/h 变化到 150 m³/h,上游时均动水压强约增大 4.5 cm;闸门倾角为 40° 时,流量从 50 m³/h 变化到 150 m³/h,上游时均动水压强约增大 4.0 cm;闸门倾角为 45° 时,流量从 50 m³/h 变化到 150 m³/h,上游时均动水压强约增大 3.6 cm;闸门倾角为 50° 时,流量从 50 m³/h 变化到 150 m³/h,上游时均动水压强约增大 2.9 cm;闸门倾角为 55° 时,流量从 50 m³/h 变化到 150 m³/h,上游时均动水压强约增大 2.3 cm;闸门倾角为 60° 时,流量从 50 m³/h 变化到 150 m³/h,上游时均动水压强约增大 2.3 cm。从以上数据可以看出,上述整体数据会相较于①有所增大。时均动水压

强随倾角与流量的变化趋势如图 3-23 所示。

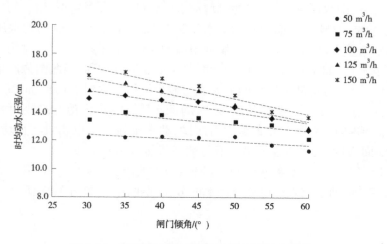

图 3-23　不同试验方案下的上游时均动水压强

（2）下游渠道时均动水压强相比于上游差别较大,分析方法同下游水深的分析方法相似,主要包括以下三个方面:时均动水压强在渠道横断面、纵断面上的分布规律及时均动水压强随闸门倾角与上游设计流量的变化规律。现针对这三个方面分别进行研究。

①选取典型试验方案 $Q = 100$ m³/h、$\alpha = 45°$,典型设计 4、7、10、14 断面来观察时均动水压强在渠道横向上的分布规律,结果如图 3-24 所示(每个断面从左至右依次为第 1 至第 5 测点)。

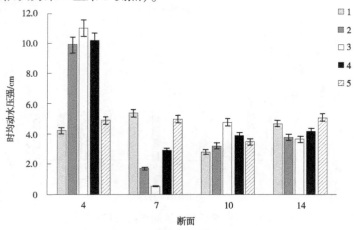

图 3-24　典型断面时均动水压强

　　上述结果同样表明,每个断面每个测点的时均动水压强与该测点的水深呈正比关系,即水深越大,该点的时均动水压强越大;水深越小,该点的时均动水压强越小。从典型断面的时均动水压强分布图可以看出,时均动水压强的分布形状与菱形波相契合——在靠近闸门的区域,水深分布不均,时均动水压强分布也不均,如4断面。又由于断面关于第3测点对称,因此图像产生了十分明显的凸形,时均动水压强的最大值与最小值相差达到了6.8 cm;而在第7断面图像又产生了十分明显的凹形,时均动水压强的最大值与最小值相差为4.9 cm。越向下游,水深分布越均匀,时均动水压强分布也相对变得均匀,如10、14断面,时均动水压强的最大值与最小值前后相差1~2 cm。

　　②选取典型试验方案 $Q=100$ m³/h、$\alpha=45°$,下游 4~14 断面第 1、2、3 测点来观察时均动水压强在渠道纵向上的分布规律,结果如图 3-25 所示。

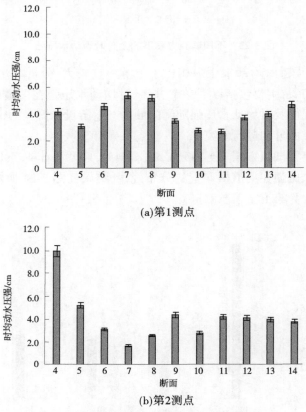

(a)第1测点

(b)第2测点

图 3-25　　不同测点的下游断面时均动水压强

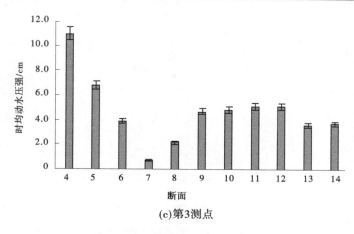

(c)第3测点

续图 3-25

上述图表呈现出的结果与①中的结论相吻合：时均动水压强分布基本与水深分布一致，越靠近闸门起伏越大，越向下游分布越均匀（稳定于 7～8 cm）。综合渠道下游水深、流速、渠底时均动水压强分布规律，可以得知，渠道底部时均动水压强基本与水深成正比，这是因为水深主要是通过影响测点静水压强来改变时均动水压强。时均动水压强也受流速的影响，基本与流速成负相关。

③选取 4 断面第 3 测点来分析在所有试验方案下时均动水压强的变化规律。具体数值见表 3-7，做出变化趋势如图 3-26 所示。

表 3-7　不同试验方案下的下游时均动水压强

倾角 α/ (°)	Q_1 下游时均动水压强/cm	Q_2 下游时均动水压强/cm	Q_3 下游时均动水压强/cm	Q_4 下游时均动水压强/cm	Q_5 下游时均动水压强/cm
30	5.3	8.5	9.4	10.5	11.7
35	5.6	8.3	10.2	11.5	12.4
40	6.4	8.9	10.9	11.8	12.7
45	6.8	9.4	11.0	12.2	12.8
50	7.5	10.1	11.6	12.2	12.9
55	8.5	10.5	11.5	12.2	12.4
60	9.4	10.9	11.3	11.6	12.0

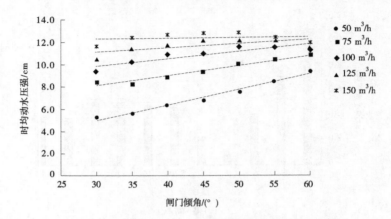

图 3-26　不同试验方案下的下游时均动水压强

上述结果表明,倾角越大,时均动水压强在各流量情况下越趋于一致;以流量 100 m³/h 为界,时均动水压强在各倾角情况下前后变化较大。

下游时均动水压强分布规律不同于上游:倾角在 45°以前,时均动水压强在各流量条件下随角度的增减变化幅度不大(流量 50 m³/h 时时均动水压强稳定在 5.0~7.0 cm,流量 75 m³/h 时时均动水压强稳定在 8.5~9.5 cm,流量 100 m³/h 时时均动水压强稳定在 9.0~11.0 cm,流量 125 m³/h 时时均动水压强稳定在 10.0~12.0 cm,流量 150 m³/h 时时均动水压强稳定在 12.0~13.0 cm);而倾角在 45°以后则相反(流量 50 m³/h、75 m³/h 时增长速度较快:流量 50 m³/h 时从 6.5 cm 增长到 9.5 cm,流量 75 m³/h 时从 9.5 cm 增长到 11.0 cm;流量 125 m³/h、150 m³/h 时则减小:流量 125 m³/h 时从 12.2 cm 减小到 11.6 cm,流量 150 m³/h 时从 12.8 cm 减小到 12.0 cm,减小的幅度略小于增长的幅度)。流量 100 m³/h 时时均动水压强均匀稳定,为 9.5~11.0 cm。

小结:综上所述,试验渠道底部的时均动水压强的大小及分布规律与水深有着密切的联系。总地来讲,其与测点水位成正相关,与测点流速成负相关。

3.4.2　闸门板上的动水压强

3.4.2.1　时均动水压强特征

(1)对开斜立轴式水力自控闸门试验中两扇闸门呈对称排布,在此节当中只研究其中一扇闸门上的时均动水压强,同样选择典型试验方案,即 Q＝100 m³/h、α＝45°来研究在设计闸门测点下时均动水压强在闸门板上的分布规律。

　　由于闸门倾角与上游设计流量不同,在每个试验方案中水流在闸门上的覆盖面也不相同,因此并不是每个闸门上的设计测点都会有水流经过,在 $Q=100$ m³/h、$\alpha=45°$ 试验方案下,只有 15~18 断面有水流经过。试验只考虑水流作用在闸门上的时均动水压强,因此在计算过程中会相应减掉由于闸门向上旋转开启过程中原先测压排内的水由于高程的变化数值所发生的改变,所得到的试验结果如图 3-27 所示。从左至右依次为第 1 至第 4 测点。

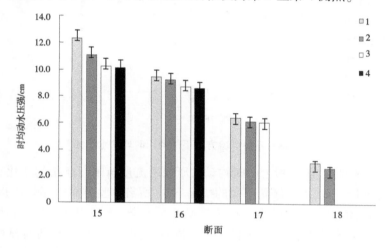

图 3-27　闸门时均动水压强

　　从图 3-27 可以看出,在流量 $Q=100$ m³/h、闸门倾角 $\alpha=45°$ 的试验方案下,闸门板上的时均动水压强分布有如下规律:依照断面来看,越靠近闸门底部,水流对闸门的时均动水压强越大,越向闸门顶部时均动水压强越小,且减小的幅度越来越大(不考虑测点时均动水压强为零的情况,均以断面第 1 测点为例,时均动水压强从 15 断面至 16 断面减小约 2.8 cm,从 16 断面至 17 断面减小约 3.1 cm,从 17 断面至 18 断面减小约 3.3 cm),无水流经过区域时均动水压强为零;依照测点来看,在每个断面中时均动水压强从第 1 测点至第 4 测点逐渐减小(在不考虑时均动水压强为零的情况下,在 15 断面,时均动水压强从第 1 测点至第 4 测点减小约 2.1 cm;在 16 断面,时均动水压强从第 1 测点至第 4 测点减小约 0.8 cm;在 17 断面,时均动水压强从第 1 测点至第 3 测点减小约 0.3 cm),且减小的幅度随断面编号的增大而减缓,测点没有水流经过时此点的时均动水压强为零。

　　试验表明,上述规律在其他试验方案中同样适用,只是水流在闸门板上流经的区域不同,相应数值也会不相同。

（2）选取闸门板上 15 断面的第 1 测点,进行不同试验方案下的比较,分析其在各个试验方案下的分布规律,如图 3-28 所示。

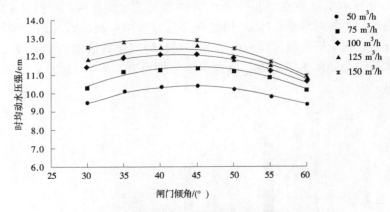

图 3-28　不同试验方案下的闸门时均动水压强

图 3-28 显示,闸门板上的时均动水压强随流量与闸门倾角的变化有如下规律:①流量一致、闸门倾角不同的情况下,在所有试验方案中,测点的时均动水压强随倾角的增大均呈现先增大后减小的趋势,大致以 45°为中心呈对称分布(具体数值见表 3-8);②倾角一致、流量不同的情况下,在所有试验方案中,测点的时均动水压强随流量的增大均呈现出增大的态势,但增大的幅度逐渐减小,即时均动水压强越趋于均匀(具体数值见表 3-8)。试验表明,上述结论针对其他测点也同样适用。

表 3-8　不同试验方案下的闸门时均动水压强

倾角 α/(°)	Q_1 闸门时均动水压强/cm	Q_2 闸门时均动水压强/cm	Q_3 闸门时均动水压强/cm	Q_4 闸门时均动水压强/cm	Q_5 闸门时均动水压强/cm
30	9.5	10.3	11.4	11.8	12.5
35	10.1	11.2	11.9	12.0	12.8
40	10.3	11.3	12.1	12.5	12.9
45	10.4	11.4	12.1	12.6	12.9
50	10.2	11.8	11.8	12.4
55	9.8	10.9	11.2	11.5	11.7
60	9.4	10.2	10.6	10.8	10.9

3.4.2.2　闸门板上的总压力

为了能够更加直观地展现闸门板上的压力分布状态,采用数值模拟的方法进行有关闸门面板上压力的研究。此节的内容主要介绍基于利用数值模拟软件计算得出的闸门板上的总压力分析。

1. 模型建立

首先选取典型方案 $Q=100\ \mathrm{m^3/h}$、$\alpha=45°$。为避免模拟烦琐,简化模拟过程,将物理模型设置为静态,即前期模型建立过程中根据 $Q=100\ \mathrm{m^3/h}$、$\alpha=45°$ 下闸门的固定开度和上游水深进行建模。采用 ANSYS WORKBENCH DM 模块建立数学模型,由于水流条件及渠道、闸门对称,建立模型时选取一半,可大大减少计算时间。按照 1:1 的比例,计算流体区域长 1 m、宽 0.2 m、高 0.4 m,单页闸门高 0.4 m、宽 0.2 m。具体模型如图 3-29 所示。

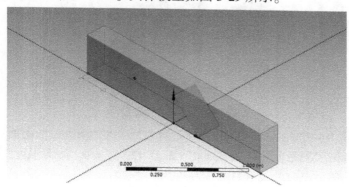

图 3-29　单页闸门流体区域模型

2. 网格划分

利用软件自带的 MESH 模块对计算区域进行网格划分,采用六面体网格方法进行网格划分,单元尺寸设置为 20 mm,如图 3-30 所示。

3. 计算模型设置

将划分后的网格进行导入,设置计算方法为 Transient 瞬态计算,重力 $-9.8\ \mathrm{m/s^2}$,在 Models 模块选择 $k\text{-}\varepsilon$ 模型中的 RNG 模型,壁面函数计算方法为 scalable wall functions 扩展壁面函数。Materials 中添加流体材料水(water-liquid)。

4. 边界条件设置

入口处设置为 inlet,出口处为 outlet,边墙与底部设置为 wall,并设置边墙的另一侧为对称面 sym,流固交界处设置为接触面边界条件设置见图 3-31。

入口边界与出口设置为压力入口与压力出口,选择明渠选项,设置流动指

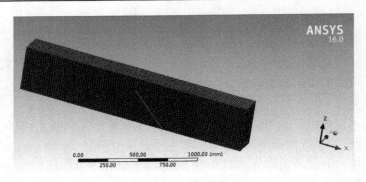

图 3-30　流体域网格

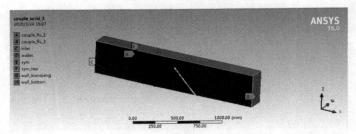

图 3-31　边界条件设置

定方法(flow specification method)为指定自由面高度与流速,自由面高度与入口流速选择试验测量值分别为 0.141 5 m、0.429 5 m/s。湍流强度、湍流黏度比选择默认值。出口处设置自由面高度为 0。

5.求解参数设置

求解方法选择 SIMPLE 求解器,梯度设置为最小二乘单元 least squares cell based,湍动能选择为一阶迎风,其他设置保持默认;松弛因子设置保持默认。

为了能够分析水流作用在闸门板上的脉动压强,选择闸门板上的某一点建立为监视点,其位置为闸门中间位置底部向上 2 cm 处。在 Surface Monitor 中设置监视设置点的脉动压强随时间的变化曲线,设置 X 轴为时间步长,每 10 步记录一个数据;Y 轴为压强,报告方法选择面积加权平均。设置时间步方法为固定时间步,时间步长 0.02 s,总时间步为 1 500 个,计算时间为 30 s。每 10 个时间步即 0.2 s 保存一次数据。

6.计算结果

(1)经过计算得到的闸门板上总压力分布如图 3-32 所示。从压力分布云图来看,闸门开启侧最底部边角点由于水流冲击所作用在闸门板上的压力最大,其他区域压力相对较小;在水流能接触到的闸门板上的区域内,从压力最大的点开始,向顶部和转轴一侧逐渐减小。由此可见,水流作用在闸门板上的总压力分布规律与时均动水压强一致。

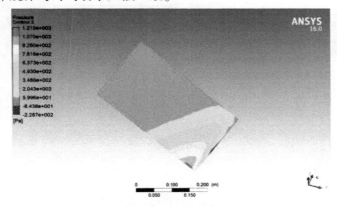

图 3-32　闸门板上总压力分布

(2)一般的河道或渠道在闸门工作过程中水流流速较高,这种高速水流会产生许多特殊的水力学问题,如:①发生强烈的压强脉动。除时间平均压强外,高速水流的高速湍动使动水压强产生强烈的脉动,这种脉动压强不可忽视。强烈的脉动压强,会增加闸门的瞬时荷载,还可能引起闸门的振动。②发生空蚀现象。高速水流会造成闸门槽后的气蚀现象,而脉动压强的出现增加了气蚀发生的可能性。③发生掺气现象。④发生波浪(吴持恭,2016)。因此,本试验还研究了水流作用在闸门板上的脉动压强,如图 3-33 所示。

图 3-33 表明,监测点的脉动压强在闸门开启过程中变化较大,但随着时间推移,逐渐变得平稳。换言之,对开斜立轴式水力自控闸门在稳定工作状态下不会产生较为剧烈的脉动压力,因此上述因脉动压力引起的一系列问题在对开斜立轴式水力自控闸门工作过程中出现的可能性较小,闸门能够安全运行。

3.4.3　闸门开度与流量系数

3.4.3.1　闸门开度

设计流量与闸门倾角是通过影响对开斜立轴式水力自控闸门的开度来间接影响过闸水流的流态、流速、水深及动水压强等要素的,因此闸门开度是一项十分重要的指标。另外,要描述对开斜轴式水力自控闸门的流量系数,需要首先计算闸门开度。闸门开度是衡量对开斜轴式水力自控闸门水流特性的另外一个十分关键的指标,也是水力自控闸门过流能力的体现,它的准确测定与

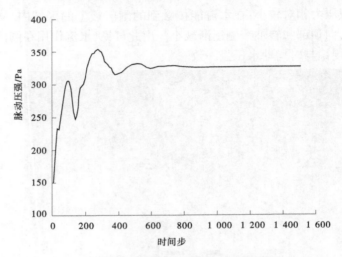

图 3-33　监测点脉动压强随时间变化

计算直接影响到流量系数的确定。

　　对开斜立轴式水力自控闸门在工作过程当中两扇闸门绕两侧斜轴旋转，旋转过程中形成空间角 β。在进行理论分析研究闸门的工作原理过程中与闸门流量系数的计算时，都需要用到闸门开度 β。在实际测量过程当中，此空间角度的测定较为困难，单独测定 β 向下游垂直方向的投影和向左或向右的投影也并不容易，且容易产生极大的误差。因此，测量闸门开启后两扇闸门之间的净距 l，根据几何关系，从而计算得到所需的闸门开度。在进行对开斜立轴式水力自控闸门的水力计算即流量系数的推求时，由于特殊的闸门形式的限制，闸门开度的表示并不容易，因此也需要用到上述所测数据 l，如图 3-34 所示。

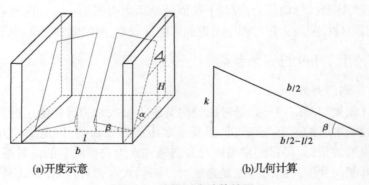

　　(a)开度示意　　　　　　　　　　(b)几何计算

图 3-34　闸门开度计算简图

试验测得 l 的值见表3-9。

表 3-9　不同试验方案下的闸门净距 l

倾角 α/ (°)	Q_1 闸门间 净距/cm	Q_2 闸门间 净距/cm	Q_3 闸门间 净距/cm	Q_4 闸门间 净距/cm	Q_5 闸门间 净距/cm
30	1.3	2.7	6.0	8.0	11.4
35	1.5	3.5	6.0	9.1	12.5
40	1.7	3.6	6.6	9.3	13.0
45	2.0	4.1	6.5	10.8	14.0
50	2.3	5.2	9.0	12.3	17.0
55	3.0	6.1	10.3	15.0	23.1
60	4.0	8.4	13.5	20.8	27.3

由表3-9可以看出,l 随闸门倾角和流量的增大而不断增大,且变化较为明显。由几何关系可知,根据两扇闸门之间的净距 l 可推求闸门开度 β,计算公式为

$$\cos \beta = \frac{\frac{b}{2} - \frac{l}{2}}{\frac{b}{2}} \tag{3-8}$$

即

$$\beta = \arccos \frac{\frac{b}{2} - \frac{l}{2}}{\frac{b}{2}} \tag{3-9}$$

计算得知 β 的值见表3-10。不同试验方案下的闸门开度如图3-35所示。

表 3-10　不同试验方案下的闸门开度　　　　　(°)

倾角 α	Q_1 闸门开度	Q_2 闸门开度	Q_3 闸门开度	Q_4 闸门开度	Q_5 闸门开度
30	14.65	21.17	31.79	36.87	44.36
35	15.74	24.15	31.79	39.42	46.57
40	16.77	24.50	33.39	39.87	47.55
45	18.20	26.17	33.13	43.12	49.46
50	19.53	29.54	39.20	46.18	54.90
55	22.33	32.06	42.06	51.32	65.01
60	25.84	37.82	48.51	61.32	71.49

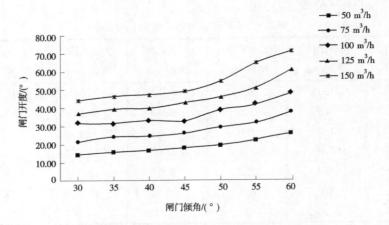

图 3-35　不同试验方案下的闸门开度

对开斜立轴式水力自控闸门开度为 0°~90°。容易得知,闸门开度会随着上游设计流量与闸门倾角的变化而变化,上述两个变量是影响对开斜立轴式水力自控闸门开度的唯二因素。流量一定,闸门开度将会随闸门倾角的增大而增大,但增长幅度不明显;闸门倾角一定,开度则将会随流量的增大而增大。

对开斜立轴式水力自控闸门的开启方式不同于其他形式闸门,它拥有一个十分特殊的开度描述方式,它的出口断面为梯形,因此也不能够单纯用以往的计算方法来计算孔口面积。

3.4.3.2　闸孔相对开度

闸门流量系数的推求需要用到闸孔相对开度,本节利用 3.4.3.1 所求得的闸门开度来计算对开斜立轴式水力自控闸门的闸孔相对开度。

由于对开斜立轴式水力自控闸门开启方式特殊,因此闸门开度 e 描述较为复杂,故不能类比直升式闸门,直接利用 $\dfrac{e}{H}$ 来计算闸孔相对开度。对开斜立轴式水力自控闸门泄流孔口为倾斜梯形,此梯形的的面积为

$$A' = \frac{1}{2}(l + b)k \tag{3-10}$$

由图 3-34 可知

$$k = \frac{b}{2}\sin \beta \tag{3-11}$$

式中:l 为闸门开启后两扇闸门之间的净距,根据所测数据,计算闸孔相对开

度 $\dfrac{\dfrac{1}{2}(l+b)k}{Hb}$，见表 3-11。

表 3-11　不同试验方案下的闸孔相对开度

倾角 $\alpha/$ (°)	Q_1 闸孔相对开度	Q_2 闸孔相对开度	Q_3 闸孔相对开度	Q_4 闸孔相对开度	Q_5 闸孔相对开度
30	0.21	0.28	0.40	0.45	0.53
35	0.23	0.31	0.40	0.47	0.54
40	0.24	0.32	0.42	0.49	0.58
45	0.26	0.35	0.45	0.54	0.63
50	0.29	0.41	0.53	0.62	0.73
55	0.33	0.49	0.60	0.73	0.98
60	0.41	0.59	0.76	0.99	1.15

从表 3-11 来看,对开斜立轴式水力自控闸门的闸孔相对开度与上游设计流量和闸门倾角关系密切,相同流量情况时闸孔相对开度随闸门倾角的增大逐渐增大,且流量越大,增长的幅度越大:在流量 50 m³/h、闸门倾角 30°时,闸孔相对开度为 0.21,60°时闸孔相对开度为 0.41,最大值与最小值相差 0.20;流量增大到 150 m³/h,闸门倾角为 30°时,闸孔相对开度为 0.53,60°时闸孔相对开度为 1.15,最大值与最小值相差达到 0.62。相同闸门倾角情况下,闸孔开度随流量的增大而逐渐增大,且闸门倾角越大,增长幅度越快:在闸门倾角 30°、流量为 50 m³/h 时,闸孔相对开度为 0.21,流量为 150 m³/h 时闸孔开度为 0.53,最大值与最小值相差 0.32;在闸门倾角 60°、流量为 50 m³/h 时,闸孔相对开度为 0.41,流量为 150 m³/h 时闸孔开度为 1.15,最大值与最小值相差 0.74。

3.4.3.3　流量系数

闸孔出流水力计算的主要任务是:在一定闸前水头下,计算不同闸孔开度时的泄流量;或者根据已知的泄流量推求所需的闸孔开度 β。

在本试验中,试验渠道断面为 40 cm×40 cm 的矩形断面,因此可将本试验闸孔出流的方式看作无底坎宽顶堰的闸孔出流。研究表明,当下游水深 $h_t \leqslant h''_c$(收缩水深的跃后水深)时,水跃发生在收缩断面处或收缩断面下游,此时下游水深 h_t 的大小不影响闸孔出流,为闸孔自由出流。又由于试验渠道底坡为 1/2 000 的缓坡,因此可看作闸孔自由出流(吴持恭,2016)。

根据上述前提条件,进行无底坎宽顶堰的闸孔自由出流计算,如图 3-36 所示。

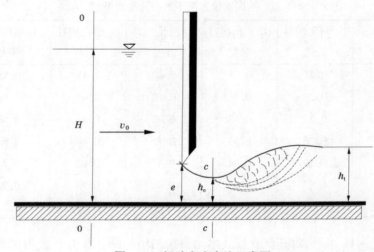

图 3-36　闸孔自由出流示意图

据图 3-36 写出闸前断面 0—0 及收缩断面 c—c 之间的能量方程:

$$H + \frac{\alpha_0 v_0^2}{2g} = h_c + \frac{\alpha_c v_c^2}{2g} + h_w \tag{3-12}$$

式中:h_w 是 0—0 到 c—c 断面间的水头损失,由于这一段水流是急变流,而且距离较短,因此可以只考虑局部水头损失,即 $h_w = \zeta \dfrac{v_c^2}{2g}$,$\zeta$ 为局部水头损失系数。

令 $H + \dfrac{\alpha_0 v_0^2}{2g} = H_0$,称为闸孔全水头,结合 $h_w = \zeta \dfrac{v_c^2}{2g}$,则式(3-12)可整理成为

$$v_c = \frac{1}{\sqrt{\alpha_c + \zeta}} \sqrt{2g(H_0 - h_c)} \tag{3-13}$$

令 $\varphi = \dfrac{1}{\sqrt{\alpha_c + \zeta}}$,称为流速系数,于是:

$$v_c = \varphi \sqrt{2g(H_0 - h_c)} \tag{3-14}$$

因为 $Q = v_c A_c = v_c b h_c$,所以:

$$Q = \varphi b h_c \sqrt{2g(H_0 - h_c)} \tag{3-15}$$

令收缩断面水深 $h_c = \varepsilon_2 e$（其中 e 为闸孔开度，ε_2 为垂直收缩系数），设 $\mu_0 = \varepsilon_2 \varphi$，$\mu_0$ 为无底坎宽顶堰闸孔出流的基本流量系数，则可得：

$$Q = \mu_0 b e \sqrt{2g(H_0 - \varepsilon_2 e)}, \text{或} \ Q = \mu_0 b e \sqrt{1 - \varepsilon_2 \frac{e}{H_0}} \sqrt{2gH_0}$$

即

$$Q = \mu b e \sqrt{2gH_0} \tag{3-16}$$

式中：$\mu = \mu_0 \sqrt{1 - \varepsilon_2 \dfrac{e}{H_0}} = \varepsilon_2 \varphi \sqrt{1 - \varepsilon_2 \dfrac{e}{H_0}}$，称为无底坎宽顶堰闸孔自由出流的流量系数。式（3-14）即为无底坎宽顶堰闸孔自由出流的水力计算公式。

在流量系数 $\mu = \varepsilon_2 \varphi \sqrt{1 - \varepsilon_2 \dfrac{e}{H_0}}$ 中，流速系数 $\varphi = \dfrac{1}{\sqrt{\alpha_c + \zeta}}$ 是反映 0—0 至 c—c 断面间的局部水头损失和收缩断面 c—c 流速分布不均匀的影响。φ 值主要取决于闸孔入口的边界条件（如闸底坎的形式、闸门的类型等。对坎高为 0 的宽顶堰型闸孔，可选取 $\varphi = 0.95 \sim 1.0$）。

垂直收缩系数 ε_2 是反映水流行经闸孔时流线的收缩程度，ε_2 不仅与闸孔入口的边界条件有关，而且与闸孔的相对开度 $\dfrac{e}{H}$ 有关。所以结合上述因素，综合反映水流能量损失和收缩程度地流量系数 μ 值，应取决于闸底坎的形式、闸门的类型和闸孔相对开度 $\dfrac{e}{H}$。

一般情况下，闸孔相对开度 $\dfrac{e}{H}$ 不够小，上游行近流速 v_0 也不可忽略不计，因此不能为了简化计算简单地令 $H_0 \approx H$。计算过程中，令 $\varphi = 1$，根据 $\mu = \mu_0 \sqrt{1 - \varepsilon_2 \dfrac{e}{H_0}} = \varepsilon_2 \varphi \sqrt{1 - \varepsilon_2 \dfrac{e}{H_0}}$，可求得闸门的流量系数。其中，$H_0 = H + \dfrac{\alpha_0 v_0^2}{2g}$。

在本试验中，令 $\alpha_0 = 1$，求得 H_0 发现，上游行近流速水头 $\dfrac{\alpha_0 v_0^2}{2g}$ 很小，几乎为零，即 $H_0 \approx H$。因此，在本试验中，计算流量系数时可忽略上游行近流速水头 $\dfrac{\alpha_0 v_0^2}{2g}$。因此，对开斜立轴式水力自控闸门的流量系数计算公式为

$$\mu' = \varepsilon_2 \sqrt{1 - \varepsilon_2 \frac{e}{H}} \tag{3-17}$$

此外,试验证明,在闸孔出流的条件下,边墩及闸墩对流量的影响很小,所以在有边墩或闸墩存在的闸孔出流,一般不需要再单独考虑侧收缩的影响。

对于平板闸门的闸孔,儒可夫斯基应用理论分析的方法,求得在无侧收缩的条件下,平底坎平板闸门的垂直收缩系数 ε_2 与闸孔相对开度 $\dfrac{e}{H}$ 的关系如表 3-12 所示。结果表明,ε_2 随相对开度的增大而增大。

综合上述研究,南京水利科学研究院总结出以下流量系数 μ 的经验公式:

$$\mu = 0.60 - 0.176\,\frac{e}{H} \tag{3-18}$$

对开斜立轴式水力自控闸门流量系数 μ' 按式(3-18)计算。从式(3-18)可以看出,闸门的流量系数 μ' 与闸孔相对开度呈反比关系。

根据经验公式(3-18),求得对开斜立轴式水力自控闸门的流量系数表如表 3-12 所示。

表 3-12　不同试验方案下的闸门流量系数

倾角 $\alpha/(°)$	Q_1 下 μ' 的值	Q_2 下 μ' 的值	Q_3 下 μ' 的值	Q_4 下 μ' 的值	Q_5 下 μ' 的值
30	0.56	0.55	0.53	0.52	0.51
35	0.56	0.54	0.53	0.52	0.50
40	0.56	0.54	0.53	0.51	0.50
45	0.55	0.54	0.52	0.50	0.49
50	0.55	0.53	0.51	0.49	0.47
55	0.54	0.51	0.49	0.47	0.43
60	0.53	0.50	0.47	0.43	0.40

为了更加直观地描述对开斜立轴式水力自控闸门的流量系数在不同试验方案下的分布规律,做出各试验方案闸门流量系数的散点图与趋势线如图 3-37 所示。

根据图 3-37 和表 3-12,有如下结论:从整体来看,对开斜立轴式水力自控闸门流量系数随闸门倾角和上游设计流量的增大有减小的趋势。在流量较小时,流量系数 μ' 减小的幅度不大,在流量较大时,μ' 减小的幅度增大:以 50 m³/h 为例,从闸门倾角 30°~60° 减小 0.03;而当流量达到 150 m³/h 是,此数值为 0.11。在闸门倾角较小时,流量系数 μ' 减小的幅度不大,在流量较大时,μ' 减小的幅度增大:以 $\alpha = 30°$ 为例,从流量 50 m³/h 到 150 m³/h,μ' 减小了

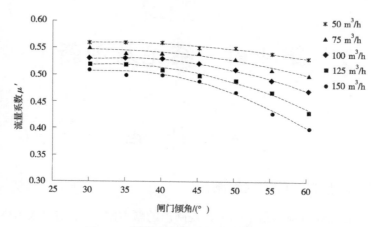

图 3-37　不同试验方案下的流量系数

0.05；$\alpha=60°$时，此值为 0.13。

　　对开斜立轴式水力自控闸门的过流能力随闸门开度的增大而增强，闸门开度受闸门倾角与上游设计流量的影响。流量系数与闸孔相对开度有关，且存在反比关系。在计算对开斜立轴式水力自控闸门流量系数的过程中，发现闸门开度越大，闸孔相对开度 e/H 越大，因此闸门的流量系数 μ' 越小。计算结果表明，$\alpha=30°$时闸孔相对开度最小，流量系数最大。结合式(3-14)与流量系数的计算结果，可进行过流量或者闸门开度的推求。

第 4 章　结论及创新

4.1　结　论

4.1.1　对于水力自控倾斜闸门

水力自控倾斜闸门是不同于常规闸门的新型闸门,本书以水力学为基础,以水流通过水力自控倾斜闸门时流态特征为研究对象,采用物理模型试验与理论分析相结合,通过物理模型试验收集测算水力自控倾斜闸门过流时的水流速、流量等数据,并进行分析,从而得到以下主要结论:

(1)在自由出流情况下倾斜闸门闸前水流流态稳定,出流流速分布均匀;但下游水流液态不稳定且流速不均,水面线基本呈单一降落状态,下游河道形成明显"S"形水波,河道流速分布不均匀,闸门倾斜角度的变化对下游河道左、右两岸流速变化影响较大。

(2)倾斜闸门的倾斜角度对闸门的过流能力影响较大,倾斜角度越大,闸门的过流能力越大。

(3)研究过闸流量结果表明,影响倾斜闸门流量系数的主要因素是闸门的倾斜角度。

(4)在自由出流情况下,综合考虑各影响因素对流量系数的影响,可利用式(2-3)对倾斜闸门的流量系数进行计算。研究分析水力自控倾斜闸门的倾斜角度对闸门的流量系数的影响,结果显示一般在流量较小时会产生大影响,当流量达到或超过 150 m/h 时,水力自控倾斜闸门的倾斜角度对流量系数影响较小。

通过对水力自控倾斜闸门的研究,研究总结了水流形态、流速、水位、水压力的规律和特点,利用能量方程,求得水力自控倾斜闸门流量公式及流量系数的计算方法,从而弥补相关研究的空白,为今后进一步研究推广提供数据支撑。

4.1.2 对开斜立轴式水力自控闸门

对开斜立轴式水力自控闸门作为一种新型水力自控闸门,其结构简单、受力明确、开闭灵活。本书主要通过利用模型试验等方法,研究了对开斜立轴式水力自控闸门在稳定工作时的水流特性,主要结论如下:

(1)对开斜立轴式水力自控闸门依靠自重与上游来水的相互作用力完成自动启闭,从而进行蓄水和泄水。闸门在不同的上游水位条件下受力不同,当闸门倾角 $\alpha = 45°$ 时,闸门在静止状态下有最大蓄水量。

(2)在不同试验方案闸孔自由出流的情况下,对开斜立轴式水力自控闸门渠道水流流态稳定,上游水深、流速及时均动水压强分布均匀,下游则有明显的凸降,但越向下游分布越均匀。各测点时均动水强与水位成正相关,与流速大致呈负相关。

(3)闸门板上的时均动水压强与总压力有从底部到顶部、从开启侧到转轴侧逐渐减小的分布规律;水流作用在闸门上的脉动压强也较稳定。闸门开度与闸门倾角、上游设计流量均呈正相关,且流量与倾角越大,开度变化越显著,过流能力越强。

(4)对开斜立轴式水力自控闸门的闸孔相对开度 e/H 随闸门开度的增大而增大,流量系数相应减小,且设计流量与闸门倾角越大,变化越显著。$\alpha = 30°$ 时闸孔相对开度最小,流量系数最大。

4.2 展 望

作者认为倾斜角度、闸门种类和自重、河道特性都对水力自控倾斜闸门水流情况有不同程度的影响,而倾斜角度是其中的关键因素。

4.2.1 对于水力自控倾斜闸门

(1)本书作为对倾斜闸门的基础研究,倾斜角度作为影响其过流能力的因素之一,本研究中控制为一常量,以后可以对不同倾斜角度的倾斜闸门的水流特性进行研究。

(2)本书仅对倾斜闸门在自由出流条件下的过流能力进行了研究,下一步可以对在淹没出流条件下的过流能力进行研究。

(3)对倾斜闸门,研究的是底坎为宽顶堰的闸孔出流,下一步可以研究不同堰型上的倾斜闸门。

（4）本书研究的是稳定河道上的倾斜闸门，以后可以研究弯道上的倾斜闸门。

4.2.2　对于对开斜立轴式水力自控闸门

（1）对开斜立轴式水力自控闸门水流特性研究模型试验是为与试验设施相匹配，通过建立闸门的概化物理模型完成的。此外，试验方案的设计也受到试验条件的限制，因此对开斜立轴式水力自控闸门模型试验不能完全概括闸门在实际工作中的工况。在今后的工作中，应根据实际情况，在满足实际条件的情况下，利用相似准则，研究闸门在实际天然河道状态下更多角度的适用性与水流特性规律。

（2）本书未涉及闸门的应力应变、振动等问题的研究与改善措施。研究表明，为避免闸门在运行过程中产生较大的振动，可在闸门合适位置安装防振活塞等减振装置，来有效减缓闸门工作时的振动，防振活塞也可使闸门受力更加稳定，使闸门工作更加平稳（王春堂，2015）。其次，诸如像水流急流冲击波、高速掺气水流（水流掺气的原因及开始掺气的条件、水流掺气对闸门及渠道的影响、掺气水深的计算、掺气发生点的确定等），以及减小闸门应力应变小等内容有待进一步研究与探索。

（3）闸门及其附近建筑物没有明显的空蚀现象是理想的试验状态。对开斜立轴式水力自控闸门试验闸门槽后的边墙当通过高速水流以后，固体表面容易被严重剥蚀和破坏，从而产生气蚀。目前在研究防止气蚀的措施上已有不少经验，主要有以下几个方面：①边界轮廓设计成流线型；②对过水边界表面的不平整度加以控制；③采用抗蚀性较强的材料做护面。如：高强度等级混凝土、环氧树脂加填充料（石英粉、砂、橡皮粉等）、1~2 cm 厚工业用橡皮板做护面、人工掺气等（吴持恭，2016）。在本试验中，由于材料、设备等条件的限制，没有办法对气蚀现象做进一步的探究，后续有望针对对开斜立轴式水力自控闸门的气蚀方面进行进一步的研究，如发生气蚀的具体原因、气蚀的评价指标及水流湍动对气蚀的影响等。

4.3　研究创新

（1）研发了斜立轴式水力自控闸门及对开斜立轴式水力自控闸门，探讨了其结构、工作原理。

（2）探索了斜立轴式水力自控闸门及对开斜立轴式水力自控闸门的水流

特性。

（2）提出了斜立轴式水力自控闸门及对开斜立轴式水力自控闸门在自由出流情况下综合实验流量系数的计算公式。

4.4　讨　论

斜立轴式水力自控闸门及对开斜立轴式水力自控闸门是一种新型水力自控闸门，它提供了一种新的闸门设计方式与工作形式，目前针对此闸门的水流特性以及流量系数等各方面的研究尚不存在，亦没有实际使用案例，因此本书对对开斜立轴式水力自控闸门的水流特性进行了初步的研究。研究结果表明，相较于其他形式的闸门，对开斜立轴式水力自控闸门有以下优点：

（1）水力自动翻板闸门、水力自动弧形闸门等受力复杂（王蓓，2011），但对开斜立轴式水力自控闸门结构受力简单，设计、制作与安装方便；无需外额外动力干预，不需要专人操作、控制，闸门的开启或关闭更加省力。与一般传统的提升式闸门相比，具有节省人力、物力，使用更加便捷等特点（鲁宗平，2018），可以实现无人值守运行。

（2）一般的横轴式水力自动翻板经常无法开启，影响泄水（曲锋，2005；王富强，2008）。对开斜立轴式水力自控闸门是在水力自动翻板闸门以及斜立轴式水力自控闸门的基础之上进行的优化与改进，并取得了创新，它所代表的是北方季节性河流上的闸门。它能准确、及时且灵活地自动调节闸门开度，闸门渐开性、渐闭性好；能随上游来水量的增减以及上游水位的升降完成自动泄水和自动蓄水，维持下泄流量与闸前来流量的动态平衡，解决蓄泄有机结合的问题。由于设置有对称的两扇闸门，可以同时开启或关闭，使下泄水流状态对称。

（3）目前许多水力自控闸门不能有效过流，泄水能力不强（王富强等，2009），但对开斜立轴式水力自控闸门有较强的泄水能力且水流流态稳定，闸门运行状态稳定。能在两扇闸门之间、门底与闸底板之间同时泄流，闸门可以旋转贴紧在闸墩上，过水净宽加大，大大减小了水流阻力，此时更接近河流天然状态，确保泄洪安全。闸门在拦截水流、开闸放水等过程中不会产生失稳"拍打"现象（李利荣等，2009），运行过程可靠。

参考文献

［1］李利荣，周春生，梁栋，等. 国内外水力自动闸门研究综述［J］. 内蒙古水利，2011
　　（2）：8-9.

［2］吴培军，王晶. 淤沙压力对水力自控翻板闸门开启的影响［J］. 水利水电科技进展，
　　2014，34（4）：79-81.

［3］徐岗，王月华. 水力自控翻板闸门泄流量计算探讨［J］. 浙江水利科技，2013，42
　　（2）：62-65.

［4］侯石华. 闸下水位对水力自动翻板闸门稳定性的影响分析［J］. 浙江水利科技，2017，
　　45（2）：34-37.

［5］郭丽娜. 水力自控翻板闸门撞击分析及减震措施［J］. 水利水电技术，2015，46（1）：49-
　　51，56.

［6］吴培军，王晶. 淤沙压力对水力自控翻板闸门开启的影响［J］. 水利水电科技进展，
　　2014，34（4）：79-81.

［7］侯莹. 淤沙对水力自控翻板闸门的影响研究［D］. 咸阳：西北农林科技大学，2015.

［8］张维杰，严根华. 底轴驱动翻板闸门动力特性数值分析［J］. 山东水利，2017（10）：
　　64-65，68.

［9］郑福智，吴秀峰，张涛. 阜新玉龙湖钢筋混凝土水力翻板闸门有限元分析［J］. 2014，33
　　（10）：1367-1371.

［10］王月华，鲍倩，韩晓维，等. 水力自控翻板门数值模拟研究［J］. 中国农村水利水电，
　　2014（6）：99-102，105.

［11］曲锋. 水力自动翻板闸门的理论分析与试验研究［D］. 南京：河海大学，2005.

［12］李树宁. 水力自动翻板门水动力荷载数值模拟［D］. 天津：天津大学，2009.

［13］王月华，鲍倩，韩晓维，等. 水力自控翻板门数值模拟研究［J］. 中国农村水利水
　　电，2013（6）：99-102，105.

［14］金永涉，赵金海. 水力自动启闭弧形闸门的设计与实践［J］. 水利水电技术，1983
　　（2）：19-23.

［15］李宗健，江仪贞，王长德等. 后水箱水力自动弧形闸门［J］. 武汉水利电力学院学报，
　　1985（4）：22-29.

［16］赵果明. 浮箱式水力自动控制弧门的设计与应用［J］. 水利水电技术，1988（2）：29-
　　33.

［17］阎诗武. 水工弧形闸门的动特性及其优化方法［J］. 水利学报，1990（6）：11-19.

［18］刘明利. 浮箱式自动启闭弧形闸门的理论与实践［J］. 湖北水力发电，1999（3）：11-

12,55.

[19] 齐清兰,孟庆才,张力霆. 曲线型实用堰上弧形闸门的流量系数[J]. 西北水电,
2002(4):47-48.

[20] 张晓平,张林让,吴杰芳. 三峡导流底孔弧形闸门泄洪振动与控制研究[J]. 长江科
学院院报,2003(1):33-35.

[21] 刘孟凯,王长德,闫奕博,等. 弧形闸门过闸流量公式比较分析[J]. 南水北调与水
利科技,2009,7(3):18-19+26.

[22] 徐国宾,高仕赵. 淤泥对弧形钢闸门启门力影响的计算方法[J]. 排灌机械工程学
报,2012,30(3):304-308.

[23] 李小超,汤凯,张戈,等. 边孔弧形闸门水流脉动压力特性研究[J]. 试验力学,
2015,30(6):749-756.

[24] 郭永鑫,汪易森,郭新蕾,等. 基于流态辨识的弧形闸门过流计算[J]. 水利学报,
2018,49(8):907-916.

[25] 阎诗武,严根华,蒋梁. 偏心铰弧形闸门的流激振动[J]. 水利水运科学研究. 1995
(4):12.

[26] 曹青. 弧形闸门自振特性的影响因素研究[J]. 人民黄河,2006(4):75-76.

[27] 李国栋,许文海,邵建斌,等. 泄洪洞弧形闸门突扩突跌出口段三维流动的数值模
拟[J]. 武汉大学学报(工学版),2007(5):34-38.

[28] 邱春刁,明军,徐兰兰. 溢流堰表孔弧形闸门开启过程水力特性3维数值模拟[J].
四川大学学报(工程科学版),2012,44(3):19-25.

[29] 曹慧颖,李自冲,马仁超,等. 弧形闸门动水启闭力数值模拟[J]. 水利水电技术,
2016,47(5):65-68,79.

[30] 唐克东,王旭声,孙留颖. 不同开度时弧形闸门流固耦合数值模拟[J]. 人民黄河,
2019,41(2):135-137.

[31] 赵宇明. 高含沙洪水资源利用中的自控闸门的研究[D]. 呼和浩特:内蒙古农业大
学,2005.

[32] 刘艳林,文恒. 浅析新型水力自控滚筒闸[J]. 内蒙古水利,2008(2):81.

[33] 李利荣. 自动滚筒闸门水力学特性的试验研究与数值模拟[D]. 呼和浩特:内蒙古农
业大学,2009.

[34] 郭鹏. 不同工况下水力自动滚筒闸门流量特性分析[J]. 水利技术监督,2017,25
(4):99-102.

[35] 戴绍仕. 孤立圆柱及串列双圆柱水动力数值实验研究[D]. 哈尔滨:哈尔滨工程大
学,2004.

[36] 李寿英,顾明. 斜、直圆柱绕流的CFD模拟[J]. 空气动力学学报,2005,23(2):
222-227.

[37] 李利荣,王福军,文恒,等. 水力自动滚筒闸门水动力特性数值模拟[J]. 水利学报,

2010(1):30-36,46.

[38] 许韬. 水力自动滚筒闸门的水流特性研究[D]. 咸阳:西北农林科技大学, 2015.

[39] 李昊, 张园, 文恒. 水力自动滚筒闸门振动特性的试验研究[J]. 内蒙古大学学报（自然科学版）, 2015, 46(1): 97-102.

[40] 李昊, 张园, 文恒. 水力自动滚筒闸门振动特性的数值模拟及试验研究[J]. 水利学报, 2018, 46(11): 1360-1370.

[41] Ludovic C, Jean P B, Gilles B, et al. Hydraulic modelingof a mixed water level controlhy drome chanical gate[J]. Journalo fIrrigation and Drainage Engineering, 2011, 137(7): 446-453.

[42] Belaud G, Litrico X, Graaff B D, et al. Hydraulic modeling of an automatic upstream water level control gate for submerged flow conditions[J]. Journal of Irrigation and Drainage Engineering, 2008, 134(3): 315-326.

[43] Burt C M, Angold R, Lehmkuhl M, et al. Flap gate design for automatic upstream canal water level control[J]. Journal of Irrigation and Drainage Engineering, 2001, 127(2): 84-91.

[44] Xavier L, Gilles B, Jean P B, et al. Hydraulic modeling of anautomatic upstream water-level control gate[J]. Journalo fIrrigation and Drainage Engineering, 2005, 131(2): 176-1.

[45] Adib M R M, Amirza A R M, Wardah T, et al. Effectiveness using circular fibre steel flap gate as a control structure towards the flow characteristics in open channel[J]. IOP Conference Series Materials Science and Engineering, 2016(1), 136.

[46] Burrows R. The flow characteristics of hinged flap gates[M]. Hydraulic Design in Water Resources Engineering: Land Drainage. Springer Berlin Heidelberg, 1986, 271-280.

[47] Replogle J A, Wahlin B T. Head loss characteristics of flap gates at the ends of drain pipes [J]. Transactions of the ASAE, 2003, 46(4): 1077-1084.

[48] Clemmens A J, Strelkoff T S, Replogle J A. Calibration of submerged radial gates[J]. Journal of Hydraulic Engineering, 2003, 129(9): 680-687.

[49] Shahrokhnia M A, Javan M. Dimensionless stage-discharge relationship in radial gates [J]. Journal of Irrigation and Drainage Engineering, 2006, 132(2): 180-184.

[50] Bijankhan M, Kouchakzadeh S, Bayat E. Distinguishing condition curve for radial gates [J]. Flow Measurement & Instrumentation, 2011, 22(6): 500-506.

[51] Bijankhan M, Ferro V, Kouchakzadeh S. New stage-discharge relationships for free and submerged sluice gates[J]. Flow Measurement & Instrumentation, 2013, 28(12): 50-56.

[52] Abdelhaleem, Fahmy F S. Discharge estimation for submerged parallel radial gates[J]. Flow Measurement and Instrumentation, 2016, 52: 240-245.

[53] Chung H. Free vibration analysis of circular cylindrical shells[J]. Journal of Sound and

Vibration, 1981, 74(3): 331-350.

[54] Mcgraw C M, Bell J H, Khalil G, et al. Dynamic surface pressure measurements on a square cylinder with pressure sensitive paint[J]. Experiments in Fluids, 2006, 40(2): 203-211.

[55] Bijankhan M, Ferro V, Kouchakzadeh S. New stage-discharge relationships for radial gates[J]. Journal of Irrigation and Drainage Engineering, 2012, 139(5): 378-387.

[56] Vito F. Testing the stage-discharge relationship of a sharp crested sluice gate deduced by the momentum equation for a free-flow condition[J]. Flow Measurement and Instrumentation, 2018, 63: 14-17.

[57] Saunders K, Prakash M, Cleary P W, Cordell M.. Application of smoothed particle hydrodynamics for modelling gated spillway flows[J]. Applied Mathematical Modelling, 2014, 38(17-18): 4308-4322.

[58] Liu Y W, Cho S W. Study on application of fiber-reinforced concrete in sluice gates[J]. Construction and Building Materials, 2018, 176: 737-746.